解·析
潜能的发掘

〈上〉　　　　李正伟◎编著

中国出版集团

图书在版编目(CIP)数据

解析潜能的发掘(上) / 李正伟编著. —北京：现代出版社，2014.1
ISBN 978-7-5143-2124-1

Ⅰ.①解…　Ⅱ.①李…　Ⅲ.①能力培养－青年读物②能力培养－少年读物　Ⅳ.①B848.2-49

中国版本图书馆 CIP 数据核字(2014)第 008530 号

作　　者	李正伟
责任编辑	王敬一
出版发行	现代出版社
通讯地址	北京市安定门外安华里 504 号
邮政编码	100011
电　　话	010 – 64267325 64245264(传真)
网　　址	www. 1980xd. com
电子邮箱	xiandai@ cnpitc. com. cn
印　　刷	唐山富达印务有限公司
开　　本	710mm×1000mm　1/16
印　　张	16
版　　次	2014 年 1 月第 1 版　2023 年 5 月第 3 次印刷
书　　号	ISBN 978-7-5143-2124-1
定　　价	76.00 元(上下册)

目　录

第一章　能力的探索

第二章　观察力

第三章 记忆力

第一章　能力的探索

第一节　由"流氓变成皇帝"说起

两千多年来，中国人一直就因为刘邦打败了项羽而愤愤不平。著名女词人李清照甚至还写下了"生当做人杰，死亦为鬼雄；至今思项羽，不肯过江东"的著名诗句，以表达对项羽的崇敬和惋惜。

一、神化的刘邦

刘邦在芒砀山落草之后，吕雉和其他人常常来找他。神奇的是居然每次都能找得到。刘邦觉得奇怪，询问吕雉。吕雉说：你在的地方上空总有一团云气。只要循着这股云气找，就一定能找到你。刘邦听后，心里一阵暗爽。此后，这件事渐渐传开来；沛县的年轻人听说了，便有很多人表示愿意跟随刘邦。

刘邦被神化的原因有两点：一是政治需要；二是时代限制。

刘邦布衣出身，草莽起家，三年亡秦，四年灭项，七年得天下，成为大汉帝国开国之君。如果不搞一番造神运动，让天下百姓知道他刘邦绝非平常之人，那后果就会相当严重：眼看着如此强大的秦帝国仅仅维系了 15 年便轰然坍塌，一介草民堂而皇之地开辟新朝，天下千千万万的人便都会做起皇帝梦来！若真是这样，刘邦就悲了，大汉帝国除了要应对匈奴入侵、诸侯王分裂，还得外加时不时冒出来企图武力篡位夺权的无数"张邦""李邦"们。所以，刘邦在夺取天下后，大力倡导君权神授之说，极力演绎着自己天生龙种，真龙天子的身份，潜台词无非就是：不是任何人都可以凭借武力夺得天下的！

历史在大汉帝国之前的进程中通常是这样的状况，诸如秦襄王、秦皇等历代君王，本来就是君位的合法继承人，原始身份是公子，继位程序也是通过"法律"途径。秦皇是庄襄王子楚在世之时承认的嫡子，法定的继承人；汉武帝是汉景帝废了皇长子刘荣之后指定的皇位继承人。他们的继位合情合法合理、公开公平公正，拿到手的又都是最高权力，容不得他人说三道四，也不怕他人觊觎君位。即便如此，秦始皇还不得不在即位后平定了嫪毐的叛乱，铲除了吕不韦的势力呢。

所以，对于汉高祖刘邦的神化，乃是大汉帝国建立之后的一种必然的政治需要。所谓出生传奇，喝酒传奇，娶妻传奇，面相传奇，经历传奇，这些个说法在刘邦生前就已经被传得沸沸扬扬。刘邦下世之后，这些传奇故事更是被广为流传，还被司马迁写进了《史记》。

司马迁作为一位史学家，为什么要将这些今天看来如此荒诞的传奇故事写进史书之中呢？根据《史记》的相关记载，我们可以推测出，司马迁生活的西汉中叶，也就是武帝时期，有关高祖刘邦的文献记载中原本就充斥了诸多此类传奇故事，而司马迁正是根据这些文献资料撰写《史记》的。

再者，刘邦毕竟是大汉帝国的开创者，要求司马迁对这些传奇故事统统视而不见，那也太强人所难了。司马迁对待这些传奇故事只能有两种态度：信，或者不信。信，肯定要大书特书；不信，也不能不写。可以在行文中有意暴露刘邦的某些卑微之处，但绝不能将这些广为人知的传奇故事摒弃在《史记》的《高祖本纪》之外。

这是时代的制约，我们不能对当时的学者过于苛求。历史上真实的刘邦肯定不会是这个样子。不过，很多事情在他死后都成了谜。后人要了解刘邦，只能靠史学家的记录，根据《史记》《汉书》这些史料还原他的形象。

我们现在看到的所有历史记载都是史学家们筛选整理后所记录的。刘媪与龙相合而生刘邦的故事在司马迁那个时代相当盛传，而且被西汉政府所认可。当然，这个美丽的传说只是自我神化以威慑天下的骗局，它和刘邦酒后睡着身上浮现龙形的谎言一样，都在影射说他刘邦是真龙天子。

人龙相合生子这一现象被称为感生说，是古人对生育常识无知的表现。现代科学告诉我们，人与其他动物是绝对不会通过交配生产后代的，更何况"龙"本来就是杜撰之物。

在中国古代典籍里，明确记载的感生说人物共有7例：其一是炎帝，其二是黄帝，其三是颛顼，其四是尧，其五是舜，其六是禹，其七是刘邦。这七位都不是一般人，在中华民族历史上都有着崇高的地位。特别是炎黄二帝，他们被称为华夏民族的共同始祖。尧、舜、禹则是古代的圣人，七人中就只有刘邦是个开国皇帝，这证明刘邦与始祖炎黄二帝、圣人尧、舜、禹一样，皆为非凡之人。司马迁的《史记·高祖本纪》便采用了这种说法。

话说回来，刘邦神化自己究竟源于何时呢？是起于称帝之后，为了威慑天下？还是起于隐匿芒砀之时，为后来的造反造势？很多学者认为：关于出生传奇的故事产生于刘邦称帝之后的可能性比较大；面相奇异之说，《史记》是有些记载的，但是这些记载并不能证明刘邦命就那么好；吕公相面嫁女一事也值得斟酌，吕公如果真有那么高超的相面之术，他对两个女儿吕雉和吕媭婚姻的不同做法就令人费解了。

据《史记·樊哙传》记载，樊哙是一位"以屠狗为事"的卖狗肉的屠夫，他的妻子是吕公的二女儿吕媭。樊哙这么一个卖狗肉的屠户也娶到了吕公的女儿，而历史文献并没有记载樊哙的面相也属于贵不可言之类的。吕公总不能给大女儿找了个大福大贵之人，二女儿就马马虎虎嫁给个卖狗肉的屠夫吧？樊哙后来的确因追随刘邦而功封舞阳侯，但吕公当年嫁女之时，是绝对想不到这小子还能有这般出息的。可见，吕公避难沛县的时候，其实只是想赶紧在沛县安顿下来，于是两个女儿一个嫁了刘邦，一个嫁了樊哙，均为当时的社会底层人物。没想到后来竟都成了气候，当皇帝的当皇帝，当大臣的当大臣，其实都是时势所造，哪是看面相能看出来的呢！所以，关于吕公相面嫁女的传说大可不必深究。

说到刘邦的面相，真会让吕公如此惊为天人吗？估计也不大可能。相貌堂堂和其貌不扬确实有区别，但一个人长什么样绝不是决定一生事业成就的主要因素。看看清代的历代皇帝，也都是普通人的长相，可见当皇帝并非一定要生有异相。

如果不是因为相面，那吕公凭什么就看中了刘邦呢？我认为："吕公大惊，起，迎之门"的重要原因是刘邦"贺钱万"那三个字！谁能在这种场合拿出一万钱来喝个份子酒呢？不可能！吕公作为远逃异乡躲避仇家的人，看中的正是刘邦这种当面忽悠人还面不改色心不跳的从容与胆略。

刘邦靠一点小伎俩进了堂屋，坐了上座。入席之后，毫无羞怯之态，还一个劲儿地戏弄在座的其他客人。你想想，能够拿出1000钱以上的会是些什么人？肯定个个都是县里的大腕儿。刘邦能浑水摸鱼到这程度靠的是什么？胆略！当然，我们也不排除参加宴会的人对他都非常熟悉，知道这位泗水亭长不是个省油的灯。

至于要水喝的老人为刘邦、吕雉和两个孩子相面的故事，有两种可能：一是确有此事，二是富贵后的附会。假如真有此事，老人是出于感谢还是真会相面，这也很难说。老人从吕雉那儿得了水喝，还意外地得到一顿饭，自然要说点好话。这类好听话我们现代人也常说，其中有多大的可信度，也不言自明。不过这件事倒是给了刘邦极大的信心。如果是富贵后的附会，那就和龙种之说一样，既是炫耀，也是对他人的威慑。

赤帝子斩白帝子的故事显然太玄幻，斩蛇可能会有，但赤帝子斩白帝子简直是瞎掰。可这种玄幻故事对刘邦来说很实用：一是能搞得人人都怕他，二是让刘邦自命不凡。

那么，"丰西泽"纵徒又是个什么性质的事件呢？有人说是刘邦自觉反秦的开始。真是这样吗？《史记·高祖本纪》有一条明确记载："秦始皇帝常曰：东南有天子气。于是，因东游以厌之。高祖即自疑，亡匿隐于芒砀山泽岩石之间。"说的是，秦始皇认为东南有天子气，于是采用巡游的方式以压制这股气。刘邦觉得这可能是指自己，便"亡匿隐于芒砀山泽岩石之间"。"亡匿隐于芒砀山泽岩石之间"这句话清清楚楚地表明，刘邦是"亡匿隐"在芒砀山中。所以我们可以确定，"丰西泽"纵徒事件纯属意外，使得刘邦偶然被迫走出了体制，也正因为如此，秦末首义者是陈胜，而不是刘邦。刘邦隐匿逃亡的唯一原因是犯了法，而且是死罪。至于秦始皇认为"东南有天子气"，"东游以厌之"，应该也是胡诌之词。如果刘邦在被卷入秦末大起义之前就有目的地对自己进行艺术包装，那也只是一种示威的手段，为自己撑撑腰壮壮胆而已，并不是意味着在为反秦大起义作什么准备。

我们看刘邦身上的各种传奇，都有哪些值得回味，其一，制造舆论争取认同；其二，自我暗示，强大内心。这时候的刘季，已经开始向刘邦"变形"。

不管刘邦如何包装，"亡匿隐"在芒砀山上终究不是长远之计。此时的一介草莽接下来又将怎样谋划自己的人生道路呢？

二、刘邦的用人之道：知人善任

知人善任，这是讲到领导艺术时，经常要说到的一个词。什么叫知人善任？知人善任，首在于知人，其次是善任。知人当中首在于知己，其次在知彼。人贵有自知之明，这个是很难，确实很难。而刘邦却恰恰做到了这一点，而且他也非常清楚地知道，一个领导最重要的才能是什么，如何调动部下的积极性，下属都有什么才能，他的才能是哪些方面的，有什么性格，有什么特征，有什么长处，有什么短处，放在什么位置上最合适。这个也是一个领导最大的才能。领导不是说要自己亲自去做什么事，事必躬亲的领导绝非好领导。作为一个领导，要掌握一批人才，把他们放在适当的位置上，让他们最大限度地、充分地发挥自己的积极性和作用，其事业成功就指日可待了。

刘邦有一个很大的优点，就是他不拘一格使用人才。所以刘邦的队伍里面什么人都有，张良是贵族，陈平是游士，萧何是县吏，樊哙是狗屠，灌婴是布贩，娄敬是车夫，彭越是强盗，周勃是吹鼓手，韩信是待业青年。可以说是什么样的人都有。刘邦把他们组合起来，各就其位，毫不在乎人家说他是一个杂牌军。他要求的是，所有的人才都能够最大限度地发挥作用。历史证明，刘邦的用人策略是对的。

刘邦的队伍里面，有很多人原来曾经是在项羽手下当差的。因为在项羽的部队里面待不下去跑过来投奔刘邦；刘邦敞开大门，不计前嫌，一视同仁表示欢迎。如韩信、陈平，韩信原来是项羽手下的人，因为在项羽手下不能发挥作用，来投奔刘邦。其实，一个领导者也应如此，如果老是小肚鸡肠、计较甚多，能招募来好的人才吗？恐怕连帐下之人也会离他而去。

坦诚相待，不仅是反映一个人的素质问题，更是为人处世的一条原则。你能坦诚以待，别人通常也会坦诚地对待你。对于人才，他们需要的不仅是应得的酬劳，而更多的是需要尊重和信任。要尊重这些人才，唯一的办法就是以诚相待，实话实说。刘邦就有这个优点，张良、韩信、陈平这些人，如果有什么问题要跟刘邦谈，提出问题，刘邦全部都是如实回答，不说假话，哪怕这样回答很没面子，他也不说假话。之所以这些人能够帮助刘邦提出自己的计策来，是由于刘邦有一个前提，就是如实相告，绝不隐瞒，这样信任对方，尊重对方，得到了对方同样的回报、同样的信任和尊重，尽心尽力地帮他出谋划策。这也是我们一些做领导的，非常值得借鉴的经验。

做一个领导最忌讳的，就是一天到晚看见所有的人都很可疑，今天猜忌这个，明天猜忌那个。刘邦他就有这个魄力，他一旦决定用某某人，他绝不怀疑，放手使用。最典型的例子就是陈平。陈平从项羽的军中投靠刘邦以后，得到刘邦的信任，让很多刘邦的老随从不满意，所以就有人去到刘邦那里说陈平的坏话，然而刘邦还是坚持对陈平委以重任。当时，刘邦和项羽正处于一个胶着的状态，谁也吃不掉谁。为了让陈平能够成功地实施反间计，刘邦拨款黄金4万斤给陈平，并且不问出入，可以想见刘邦对陈平的信任。

使用人才，首先是要信任他，尊重他，同时也应该奖励，因为奖励是对一个人才贡献的实实在在的肯定。不能老拿好话甜和人，说这个人不错，是个难得的人才，是我们的骨干，就是一分钱不给，这个是不行的。有贡献就得奖励，奖励要奖励得合适。确实是工作做得好，贡献大的，要重奖；做得一般的，一般地奖；做得差的，不奖，甚至罚。做到要赏罚分明。刘邦夺取天下以后，根据各个人的不同功绩，对功臣论功行赏，不但封赏了萧和、张良、韩信、彭越等一批人，还封赏了他最不喜欢的人——雍齿。

刘邦可以说是很懂得领导艺术的典范。正是由于他能够信任人才，使用人才，充分地调动他们的积极性，又暗中地加以防范和控制，从而把当时天下的人才，集结在自己的周围，形成了一个优化组合。这样一来，他夺得天下也是必然的事情。

有一次，刘邦被追兵所迫。为了减轻车载重量，刘邦便几次将自己的女儿鲁元公主和儿子（就是后来的汉惠帝）推下车子，只顾自己逃命。

项羽抓到了刘邦的父亲，将他押到了两军阵前来要挟刘邦。哪知刘邦根本不予理会。刘邦说：我的父亲就是你的父亲，你要杀你的父亲，也分给我一杯汤喝！但项羽最后并没有杀掉刘邦的父母和妻子。

在刘邦当了皇帝以后，有一次，一个大臣去见他。按理接见大臣也要庄重一些，可这时刘邦正玩得高兴，搂着一个女子在那里戏耍，全然不顾大臣的光临。气得大臣回头便走。刘邦放下女子便去追那大臣。追上大臣后，刘邦将大臣按在地上，骑在大臣的脖子上，问：你看我如何？大臣说：我看你就是桀纣一类的君主。

刘邦瞧不起儒生，竟拿起儒生的帽子往里面撒尿。

就是这样一个痞子模样的家伙竟然开创了 400 年的大汉江山。这还不是个别的特例。实际上，很多开国君主在某些方面也都与刘邦类似。

三、刘邦的才能

第一是笼络手段极为高明。

用现在的说法，就是善于根据情势揣摩人的心理，润滑人际关系，有较强的凝聚力，能够吸引他人为己所用。

史记载：刘邦先行入关后，项羽闻讯，欲击之。是时，刘邦自忖以 10 万军不敌项羽之 40 万军，乃急笼络项羽季父——项伯，恭敬地"以兄事之"，并"奉卮酒为寿"，与之约为婚姻。项伯遂感于厚爱，力劝项羽"善遇"刘邦，并于鸿门宴上拔剑与项庄对舞，"常以身翼蔽沛公"，使得范增的杀"邦"计划全盘落空！

从表面看，刘邦似乎无甚特殊才能，但其麾下人才济济，萧何、韩信、陈平……皆忠诚效命，连自视甚高的张良也敬佩地对人说："沛公殆天授也"。以一个平民出身的"浪子"，团结着一大批才高气傲的谋士、将军为之效力，岂一般的手段所能致？

第二是宽容、仁慈、有气量。

与项羽"诸所过无不残灭"之举相反，刘邦做事较有分寸。楚国长老皆赞曰："沛公，长者也。"史记载：汉元年十月，沛公兵先诸侯至霸上。秦王子婴素车白马，系颈以组，封皇帝玺符节，降轵道旁。诸将或言诛秦王。沛公曰："始怀王遣我，固以能宽容，且人已服降，又杀之，不祥。"乃以秦王属吏，遂西入咸阳。

项羽兵败死后，刘邦以鲁公礼葬项羽谷城。"汉王为发哀，泣之而去。诸项氏枝属，汉王皆不诛。"

第三是遇事冷静，喜用智不斗力。

楚汉久相持未决，项羽曾对刘邦说："天下匈匈数岁者，徒以吾两耳，愿与汉王挑战决雌雄。"汉王笑谢曰："吾宁斗智不斗力。"以己之短敌彼之长，这样的傻事，刘邦自然不会做。

攻打宛城时，为免强攻损兵之弊，刘邦听从陈恢的建议，许原宛守为殷侯。其后刘邦以此法引兵西，"无不下者"。

第四是坚忍克己。

刘邦入关后，从樊哙、张良谏，封秦重财物于府库，不取分文。并当众宣布："父老苦秦苛法久矣……凡吾所以来，为父老除害，非有所侵暴，无恐！"同时派人到各县乡村广而告之。秦人大喜，献上牛羊酒食犒劳军士。沛公又推辞不受，曰："仓粟多，非乏，不欲费人。"这样秦人更加高兴了,唯恐沛公不为王。这一点,聪明的范增看得十分清楚:"沛公居山东时,贪于财货,好美姬,今入关,财物无所取,妇女无所幸,此其志不在小。"刘邦的本性也是贪财好色的,但是为了达成目标,他变得很能克制自己。这与项羽每攻城破镇后遂"收其货宝妇女"形成鲜明的对比。

"大行不顾细谨,大礼不辞小让。"为了做成大事,刘邦常能忍受相当的痛苦,做出惊人之举。楚汉荥阳对峙时,项羽欲烹刘邦之父以迫其退兵,刘邦竟说:"我们已约为兄弟,我父亲即你父亲,如果要烹你父亲,则幸分我一杯羹"。项羽惊怒,要胁计划因之破产。

历史史料中对于刘邦和其他皇帝一样也有很多迷信的传说。一次,吕后和女儿在地里除草,有一个过路的老人向她们要点水喝。喝完水讨好地说她们娘俩都是一副贵人相。等老人刚走,刘邦也回来了,吕后便把刚才老人说的话告诉了刘邦,刘邦一听也很高兴,他赶紧又追上了老人,让他也为自己看看面相。老人说刚才之所以说他的夫人和女儿长得贵人相,就是因为他的缘故,而刘邦的面相更是贵不可言。刘邦一听高兴极了,拜谢了老人就回去了。

后来,刘邦奉命押送刑徒去骊山服役,但在半路上已经有很多的人逃跑了,刘邦也很无奈,走到丰邑县的大泽休息时,刘邦喝了些酒,然后松开了刑徒们身上的绳子,让他们自己逃命去。但有十几个人不愿意丢下他一个人走,都表示愿意跟着他。刘邦便带领大家逃亡,前面负责开路的人回来告诉他前边有条大蛇拦路,没法通行,刘邦喝得有点醉了,训斥说:"我们这些勇猛之士行路,有什么好害怕的!"他分开众人,自己到了前边,见一条蛇横在路中间,便拔出宝剑将蛇一剑拦腰斩断。又走了一段路后,刘邦觉得头昏,便躺在路旁休息,也等等后边的人。

一会儿，后边的人赶了上来，对他说在路旁看见一个老太太哭，问她原因，她说有人把他的儿子杀了。又问为什么被杀，她说他的儿子是白帝的儿子，刚才变成蛇，却在路边被赤帝的儿子杀了，所以才如此难过。大家当时觉得是老太太说谎，但老太太忽然就不见了。刘邦听说了，心中暗喜，以后便借此来提高自己的威信和地位。

此后，刘邦带着人到处逃亡，但每次吕后都能找到他，刘邦很奇怪，问妻子原因，吕后说他藏身的地方常有彩云缭绕，所以很好找到。刘邦后来便让手下人广为传播这种谣传，很多人便相信了，都想来投奔他。实际上，这种谣传基本上都是在皇帝建立国家之后，有意编造的，以此证明自己与众不同，有王者之气。

由于这些传说，刘邦在当地的威信逐渐提高，跟随他的人也就多了起来，他被当地人称为沛中的豪杰。

第二节 人的能力差异

一、能力差异

能力差异，是不同个体在能力上表现出来的量和质的差别。通常表现为 3 类差异：量的差异、质的差异、影响能力的差异。

不同个体在能力上表现出来的量和质的差别。

量的差异：能力的量的差异主要表现在能力发展达到的水平上。按中国心理学工作者对大量儿童所进行的普查，超常儿童和低常儿童在全部儿童中所占的比例大约都在 3/1000 左右。超常儿童的智力发展远远超过一般同龄儿童的水平。低常儿童的智力远远落后于一般儿童。智力低常，多数由于大脑功能发育不全或神经系统发生病变所造成。个体的一般能力和特殊能力发展水平都存在差异。

一般能力发展水平的差异：人类的智力是符合常态分布的，平均智力大约是 100，得分靠近这个数字的人数最多，而得分与 100 的差距越大，则人数越少。美国心理学家 D·韦克斯勒对智力分布的研究表明，占全体 82% 以上的人属于智力中等，智力极优和智力极低的人则是极少数。

特殊能力发展水平的差异：个体之间的特殊能力发展水平各不相同，甚至差别悬殊。例如，喷漆工人对漆色的辨别，烟草工人对烟草品质的识别，都具有较强的能力。不同个体能力出现的迟早也有差别。有些主要由先天因素决定的能力，往往在年龄较小的时期就有明显的表现，这就是人们常说的"早慧"现象。但一些需要靠知识或经验的积累才能形成的能力，则往往在年龄较大时才出现明显的差别。这种差别和人们的环境条件以及个人努力的程度有密切关系。

质的差异：能力的质的差异除了表现在各个人可以具有不同的特殊能力之外，还表现在能力的类型差异上。一般能力和特殊能力都存在类型差异：

一般能力的类型差异：表现为不同的人在完成同一种活动时可能采取不同的途径。人们在知觉、表象、记忆、思维等方面都表现出个别类型差异。在知觉方面，有 3 种类型：综合型：富于概括性和整体性，但分析方面较弱。分析型：分析较强，对细节感知清晰，但整体性不够。分析综合型：兼有分析型和综合型两方面的特点。在表象方面，有 4 种类型：视觉型：视觉表象占优势。听觉型：听觉表象占优势。动觉型：运动表象占优势。混合型：几乎在同等程度上运用着各种表象。在记忆方面，有 4 种类型，与表象的情况相类似，可以分为视觉型、听觉型、动觉型和混合型等 4 种记忆类型。在思维方面，一般可以分为 3 种类型：实践的动作的思维、具体的形象的思维、抽象的逻辑的思维。在创造性思维方面，包含着既有区别又有联系的两种思维形式，即会聚性思维和发散性思维。会聚性思维是指对只有一个答案的问题，综合利用所有的知识经验以达到这个正确答案；发散性思维是指从不同的方面考虑一个问题的答案，以这个问题为中心，思路向多方面发散，找出最佳答案，这种思维往往产生新颖的独创的成果。

特殊能力的类型差异：表现为不同的人在完成同一种活动时可能采取能力的不同结合。例如，音乐能力是由曲调感、听觉表象和节奏感 3 方面构成的，对 3 个学习音乐成绩都最好的儿童进行研究表明，第 1 个儿童曲调感强，听觉表象好，但节奏感弱。第 2 个儿童听觉表象好，节奏感强，但曲调感弱。第 3 个儿童曲调感和节奏感均强，但听觉表象弱。又如，两名田径运动员的短跑可以达到同样的好成绩，但其中一人是依靠动作和节奏的更好配合，而另一人却是依靠更大的动作强度。

二、能力差异的类型

能力通常指完成一定活动的本领。主要包括智力和其他能力。其中智力的类型差异，是指智力组成因素的质的差异。人们在知觉、表象、记忆、思维等方面，都表现出个别类型差异。

1. 知觉的类型差异

人们在知觉方面，表现出个体类型差异，可以分为 3 类：

A. 知觉综合型。这种人知觉的特点是，观察时注意事物的概括性，但分析能力较弱，对于事物的细节的感知不足。

B. 知觉分析型。这种人知觉的特点与第一种人相反。有较强的分析能力，观察时注意事物的细节，但对于事物的整体性的感知不够。

C. 知觉的分析 – 综合型。这种人兼有上面两种知觉类型的特点，在观察中既能注意事物的整体，也能注意事物的细节。

2. 表象的类型差异。

人们在表象方面，也表现出个体类型差异，可以分为 4 类：

A. 表象视觉类型。这种人视觉表象占优势。

B. 表象听觉类型。这种人听觉表象占优势。

C. 表象运动觉型。这种人运动表象占优势。

D. 表象混合型。这种人几乎在同等程度上运用各种表象。这种个别差异可以作为某种活动的条件，从而成为某种特殊能力的构成部分。同时，从事同一种活动也可能依靠不同的表象。有的作家主要依靠听觉表象，另一些作家主要依靠视觉表象。

3. 记忆的类型差异。

人们在记忆方面，也表现出个体类型差异。根据种种分析器参与记忆的情况，可以分为 4 类：

A. 记忆视觉型。这种人运用视觉记忆较好。

B. 记忆听觉型。这种人运用听觉记忆较好。

C. 记忆运动觉型。这种人有运动觉参加时记忆较好。

D. 记忆混合型。如记忆的视觉－听觉型、记忆的听觉－运动觉型等。这种人运用多种记忆表象时效果较好。许多画家、作家、演员往往具有发展较好的视觉记忆，使他们在绘画写作或表演动作中准确地再现瞬息呈现的人物景象。

4．思维的类型差异

人们在思维方面，也表现出个别类型差异，可以分为两类：

A. 集中思维型。这种人思维时，集中性思维占优势，对一个问题可以得出一个正确答案或一个最佳的解决方案。

B. 发散思维型。这种人思维时，发散性思维占优势，对一个问题能够得出多种答案。

5．特殊能力类型差异

特殊能力是由若干种不同能力构成的。研究表明，完成同一种活动可以由能力的不同组合来保证。

音乐能力的类型差异。前苏心理学家 B·M·捷普洛夫认为，音乐能力由3种主要能力构成：旋律感、听觉表象、音乐节奏感。他对3个学习音乐成绩最好的学前儿童的研究表明，其中一个儿童的特点是有强烈的旋律感和很好的听觉表象，但音乐节奏感较弱；第二个儿童的特点是有很好的听觉表象和强烈的音乐节奏感，但旋律感较弱；第三个儿童的特点是有强烈的旋律感和音乐节奏感，但听觉表象较弱。这显示出音乐能力构成因素之间相互关系的差异。

运动能力的类型差异：击剑运动能力由观察力、反应速度、攻击力量、意志力等多种心理因素组成。普尼对 3 个击剑运动员的研究表明，他们具有同等水平的职业能力，并达到同样的运动成绩，但他们的击剑运动能力的组成因素的发展水平却不尽相同。第一个运动员具有高度发展的观察力和"感觉因素"，但反应速度并不突出；第二个以一般的灵活性与坚韧性为突出特点；第三个则具有强烈的攻击力量与必胜的信心。短跑运动能力由动作强度、动作和节奏的配合等因素组成。两个短跑运动员可以达到同样良好的短跑成绩，但一个人依靠动作和节奏的更好配合，而另一个人则依靠更大的动作强度。

组织能力的类型差异：A·B·彼得罗夫斯基介绍了组织能力的类型差异的具体事例。尼古拉和维克多都具有杰出的组织能力。尼古拉的组织能力由下述心理品质综合组成：主动、敏感、关心人、对人要求合理、有观察力、善于并乐意分析同伴的性格和才能、对集体的高度责任感、个人的吸引力，等等。维克多的组织能力由另一些心理品质综合组成：严峻、考虑周到、善于利用同伴中每个人的弱点、精明强干，等等。

总之，构成特殊能力的各种因素，它们之间的关系并不是固定不变的，某种能力的薄弱，可以由其他的能力或能力组合的发展来补偿或代替。

三、影响能力差异的因素

1. 遗传是能力差异的一个重要因素

在一起抚养的同卵双生子的智商相关高于在一起抚养的非同

卵的兄弟姐妹。同样，分开抚养的同卵双生子智商相关也高于分
开抚养的非同卵的兄弟姐妹。

2. 环境对能力差异的形成也起着重要作用

在一起抚养的同卵双生子的智商相关高于分开抚养的同卵双
生子。同样，在一起抚养的非同卵的兄弟姐妹的智商相关也高于
分开抚养的非同卵的兄弟姐妹。

人的能力的形成和发展离不开个人所参加的社会实践活动。
随着社会生产力的发展、科学技术和文化教育的进步以及社会活
动领域的扩大，人也不断地产生新的需要，形成和发展多种多样
的能力。正如恩格斯所说："人的智力是按照人如何学会改变自
然界而发展的。"

3. 人的能力差别与教育关系密切

人显然是有差异的。这不用多说。

记得杨振宁说过，中国的教育适合于一般的学生或中等偏上
的人，却不适合非常优秀的人，因为后者要求必要的宽松的环
境，他要自己自由地支配时间和精力，不能让人牵着手往前走。
这在中国很难做到。

想起那些动乱的岁月，却偏有一些真正的人才脱颖而出，正
是因为那样的环境暗合了有才能人的天性要求；而现在越来越对
他们不利，因为学校把时间几乎完全控制了，学生没有自主的
时间。

肯定有一些人适合这种教育的，可是，即使是他们适合这种
教育方式，其后遗症也明显存在，表现在他们现在没有学习能
力，到将来也很难有或者说不可能有学习的能力。因为我们没有
培养它，它能自发的产生吗？况且，还压抑了它。

我以前看到或听到一些新颖的教育观念，总喜欢记下来琢磨琢磨，觉得人家说得很对。可是，现实中几乎找不到它生长的空间。后来，才知道，说这话的人是一些天才式的人物（尽管天才也是培养的，而不是天生的），我似乎忘记了适用的人群。

意识到这一点很重要，不然我们不知道这正确的话和道理生长的土壤在哪里。

爱因斯坦说，在科学的殿堂里有3种人：一种是拿它当兴趣的人，他们在科学世界里找到了乐趣；一种是完全出于功利的目的来的，他们可能成为商人和政客或其他什么样的人，完全取决于环境的需要。并说把这两种人都驱除出去也不影响科学事业，因为还有第三种人，好像是这种人完全是为科学而生的。那意思是说，第三种人是科学世界的中流砥柱。

要是拿这样的标准来评价事物，就很不合时宜，也不很正确。尽管他说想象力比知识重要，可是前者是可测量的并且一般人都以它评价人，包括教育者在内。

四、低头是一种能力

被称为美国之父的富兰克林，年轻时曾去拜访一位前辈。年轻气盛的他，挺胸昂首迈着大步，进门撞在门框上，迎接他的前辈见此情景，笑笑说："很疼吗？可这将是你今天来访的最大收获。一个人活在世上，就必须时刻记住低头。"

无独有偶，有人问过苏格拉底："你是天下最有学问的人，那么你说天与地之间的高度是多少？"苏格拉底毫不迟疑地说："3尺！"那人不以为然："我们每个人都5尺高，天与地之间只有3尺，那不是戳破苍穹？"苏格拉底笑着说："所以，凡是高度超过3尺的人，要长立于天地之间，就要懂得低头。"

大师们提到的"记住低头"和"懂得低头"之说，就是要记住不论你的资历、能力如何，在浩瀚的社会里，你只是一个小分子，无疑是渺小的。当我们把奋斗目标看得更高时，更要在人生舞台上唱低调，在生活中保持低姿态，把自己看轻些，把别人看重些。富兰克林就从中领悟到了深刻的道理，并把它列入一生的生活准则之中。

其实，我们的生活又何尝不是如此。自认怀才不遇的人，往往看不到别人的优秀；愤世嫉俗的人，往往看不到世界的美好；只有敢于低头并不断否定自己的人，才能够不断吸取教训，才会为别人的成功而欣喜，为自己的善解人意而自得，才会在挫折面前心安理得。

当你从困惑中走出来时，你会发现，一次善意的低头，其实是一种难得的境界：低头亦是一种能力，它并不是自卑，也不是怯弱，它是清醒中的一种嬗变经营。

如果把我们的人生比作爬山，有的人在山脚刚刚起步，有的正向山腰跋涉，有的已信步顶峰，但此时，不管你处在什么位置，请记住：要把自己放在山的最低处，即使"会当凌绝顶"，也要会低头，因为，在你所经历的漫长人生旅途中，总难免有碰头的时候。

低头亦是一种能力。有时，稍微低一下头，或许我们的人生路会走得更精彩。

第三节　能力是怎样形成的

能力的形成与发展受多种因素的影响，既包括先天素质，也包括后天因素，主要指对先天素质产生影响作用的环境、教育和实践活动等。实际上，能力就是这些因素交织在一起相互作用的结果。

一、先天素质的影响

先天素质是人们与生俱来的解剖生理特点，它包括感觉器官、运动器官以及神经系统和脑的特点。它是能力形成和发展的自然前提和物质基础。没有这个基础，任何能力都无从产生，也不可能发展。听觉或视觉生来就失灵者，无法形成与发展音乐才能，也不能成为画家；早期脑损伤或发育不全的人，其智力发展会受严重影响。

神经系统是素质的重要组成部分，它的特性（强度、灵活性、平衡性）对能力的形成是有影响的。如神经系统的强度水平影响人的注意力集中的程度和持续时间，并与学生的学习能力有关；神经系统的平衡性影响注意的分配；神经系统的灵活性影响知觉的广度。

我们承认先天素质在能力形成中的作用，并承认先天素质具有遗传性，但并不能由此而得出能力（主要指智力）由遗传决定的结论。第一，先天素质本身就不完全是通过遗传获得的，有些是因胎儿期由于母体环境的各种变异的影响,如孕妇的营养、疾病、药物和受到辐射等,都会给儿童的智力形成和发展带来危害。这些危害是先天因素造成的而非遗传因素。第二,先天素质只能为能力提供形成与发展的可能性,并不能预定或决定能力的发展方向。例如,人的手指长短是由遗传决定的,手指长为学弹钢琴提供了良好的自然条件,但这不能决定将来就一定能成为钢琴家,因为成为钢琴家还需要许多主客观条件。又如,个子矮的人不利于排球场上拦网,但如有较好的弹跳力,又灵活,就能补偿个子矮这一无法改变的先天素质条件而成为出色的拦网手。所以说,先天素质并不等于能力本身。第三,同样的先天素质可能发展多种不同的能力,而良好的先天素质由于没有受到良好的培养和训练,能力也不可能得到应有的发展。

二、环境、教育对能力形成与发展的影响

1. 产前环境及营养状况的影响

胎儿生活在母体的环境中,这种环境对胎儿的生长发育及出生后智力的发展,都有重要的影响。许多研究表明,母亲怀孕期间服药、患病、大量吸烟、遭受过多的辐射、营养不良等,能造成染色体受损或影响胎儿细胞数量,使胎儿发育受到影响,甚至直接影响出生后婴儿的智力发展。

2. 早期环境的作用

在儿童成长的整个过程中,智力的发展速度是不均衡的,往

往是先快后慢。美国著名的心理学家布卢姆（B. S. Bloom）对近千人进行追踪研究后，提出这样的假说，即 5 岁前是儿童智力发展最为迅速的时期。日本学者木村久一提出了智慧发展的递减规律，他认为，生下来就具有 100 分能力的人，如果一出生就得到最恰当的教育，那么就可以成为有 100 分能力的人；如从 5 岁才得到最恰当的教育，那么就只能具有 80 分能力；若从 10 岁才开始教育，就只能成为有 60 分能力的人。可见，发展能力要重视早期环境的作用。

3. 教育条件的影响

一个人能朝什么方向发展，发展水平的高低、速度的快慢，主要取决于后天的教育条件。家庭环境、生活方式，家庭成员的职业、文化修养、兴趣、爱好以及家长对孩子的教育方法与态度，对儿童能力的形成与发展有极大的影响。如歌德小时候，歌德的父亲就对他进行有计划多方面的教育，经常带他参观城市建筑物，并讲解城市的历史，以培养他对美的欣赏和历史的爱好；他的母亲也常给他讲故事，每讲到关键之处便停下来，留给歌德去想象，待歌德说出自己的想法后，母亲再继续讲。歌德从小就受到良好的家庭教育，这为他能成为世界著名的大诗人打下了基础。

在教育条件中，学校教育在学生能力发展中则起主导作用。学校教育是有计划、有组织、有目的地对学生施加影响，因此，不但可以使学生掌握知识和技能，而且在学习和训练的同时促进了其能力的发展。在教育教学中发展学生的能力并不是无条件的、绝对的、自发的，而是依赖教育教学内容的正确选择、教学过程的合理安排、教学方法的恰当使用等。

4. 实践活动的影响

实践活动是人与客观现实相互作用的过程，是人所特有的积极主动的运动形式。前面提到的素质和环境、教育是能力形成的重要因素，但这些因素只有在实践活动中才能影响能力的形成与发展，因此可以说，实践活动是能力形成与发展的必要条件。

我国汉代唯物主义哲学家王充就曾提出过"施用累能"和"科用累能"的思想。前者是说能力是在使用中积累的，后者指从事不同职业活动可以积累不同的能力。许多关于劳动、体育、科研等实践活动影响能力形成的研究充分证明了这一点。油漆工在长期的工作中，辨别漆色的能力得到充分的发展，他们可以分辨的颜色达四五百种；陶器和瓷器工人听觉很灵敏，他们可以根据轻敲制品时发出的声音的性质，来确定器皿质量的优劣。同样的道理，人的自学能力是在学习活动中形成与发展的；人的组织能力也是在长期的社会实践中逐渐形成的。人的各种能力，脱离了具体的实践活动是无从提高和发展的。

5. 其他个性因素的影响

环境和教育是能力形成与发展的外部条件，外因必须通过内因起作用。一个人要想发展能力，除必须积极地投入到实践中去之外，还要充分发挥自身的主观能动性——积极的个性心理特征，即理想、兴趣及勤奋和不怕困难的意志力。

许多学者和有成就的人指出，人的智慧同坚强的信念、崇高的理想联系在一起。没有理想和信念，发展能力就缺乏强大的动力；兴趣和爱好是促使人们去探索实践，进而发展各种能力的重要条件。高尔基说过：才能不是别的什么东西，而是对事业的热爱。当人们迷恋于自己感兴趣的工作时，就会给能力的发展提供巨大的内部力量；勤奋与坚强的毅力也是能力得以发展所不可缺少的性格因素。歌德说过：天才就是勤奋。著名的物理学家爱因斯坦在向别人介绍自己的成功经验时写下了一个公式：$A = X + Y + Z$，A 代表成功，X 代表艰苦的劳动，Y 代表正确的方法，Z 代表少说空话。从这个公式看出，爱因斯坦把自己的成功归于多种因素的结合，但勤奋是最重要的因素，因此把它放在首位。

6. 事例

希拉里：有领导能力的女性，伶牙俐齿，勇敢智慧，咄咄逼人。人们对希拉里似乎总是褒贬不一，但有一点你无法否认，她绝对是世界第一流的女政治家。希拉里丝毫不比老公克林顿逊色，她不仅从小成绩优秀，出类拔萃，还表现出了极强的领导和社交能力。希拉里出生于芝加哥的一个中产阶级家庭。4 岁时的一件事锻炼了小希拉里坚强的意志和决断力。当时，社区中有个霸道的小女孩总是欺负希拉里，希拉里很害怕，泪流满面地向母亲诉苦。母亲告诉希拉里，若遭到欺负，就一定要毫不畏惧地还击。小希拉里的确这样做了。此后，希拉里天赋的领导才能日渐显露，她身旁很快聚集了一大帮孩子。

贝克汉姆：从"赌局"中领悟父亲的良苦用心。有谁统计过，贝克汉姆在球场上到底吸引过多少人的目光？每当这位世界顶级球星的身影出现在球场，无数的尖叫声立刻响遍全场，相机快门也闪个不停。

　　小贝从 3 岁就开始踢球，尽管那时还是"玩"球多于"练"球，但父亲一直苦心培训他，顽皮的他渐渐奠定了对足球事业的热爱。

第四节　探索人脑的秘密

一、人脑潜能

　　人脑的潜能，现代科学研究表明，人脑有巨大的潜能，一般人脑的潜能只用了 1%～10%，而 90%～99% 的脑功能尚待开发利用。

　　著名科学家钱学森教授说："当今计算机的发展说明人的脑力劳动还有潜力。同静定训练中特异功能也说明了人的潜力。人们应能动地发掘自己机体所具有的潜在能力。"又说："静练说明人还有一般所不认识，也因而未加利用的能力，这也是人的潜力。"

二、人脑潜能的开发和利用

1. 开发潜能的重要意义

　　我国提出"科教兴国"，确实具有十分重要的意义。尤其到 21 世纪，科学技术的竞争，一定会更激烈，这主要表现在培养具有国际优秀人才的竞争，人才则取决于人的素质，取决于知识分子的数量和质量。为了培养高素质的人才，我国的基础教育正在实现由"应试教育"向"素质教育"转变，这是当前教育改革的核心。

开发智力，增强智慧是素质教育的重要组成部分，因此，重视开发人体本身的潜能势在必行。而自古至今人们没有主动地、自觉地、有意识的去开发人体自身潜能。或者说，开发人体内部潜能尚未引起应有的重视，不能不说是对科教兴国的一个极大损失。

钱学森教授指出："从前的人说什么'神仙'，无非是人们训练出来的东西，但是，如果把人体科学研究的成果运用到培养人的方面，把人的潜在能力发掘出来，那就又高出一层，不仅是人皆可为圣贤，而且是人人皆可为'神仙'了。"

2. 人脑潜能开发的原则和方法

全面提高人的素质是潜能开发的基础。人是一个开放复杂的巨系统，人脑跟五脏六腑、四肢百骸都有密切的联系，因此，人体任何一部分功能的减弱，便会影响整体各部分之间的协调和平衡，而人体的阴阳失调是造成大脑潜能不易得到开发和利用的主要原因，具体点说人脑潜能开发的基础是德高、体健。

第一，必须修德

2500多年前老子对道德的认识提出了明确的看法。老子说："一阴一阳之谓道，阴阳相合谓之德。"那就是说只有人体达到阴阳平衡，才可以有高尚的道德品质。反之，说明道德品质高的人必表现为心理平衡。这样的人不会做出违背客观规律的事情。

古人强调，德是修炼极重要的条件，是开发潜能最重要的基础，《道德经》中认为："德就是智慧。"有德就是有智慧。

第二，强健脏腑

脏腑是人体最重要的组成部分，各脏腑均有其不同的功能和特点，彼此之间，又有着紧密联系，既有互相帮助（相生）又有互相制约（相克），各脏腑正常功能的发挥是实现脏腑平衡（包括心理平衡）的基本条件。

人体三宝"精、气、神"是脏腑功能正常工作的产物。反之，精、气、神的充足又能保证脏腑功能的正常发挥。因此，脏腑和精、气、神又是互相依存、互相促进的。要保证人体脏腑强健、功能协调，就要不断补充精微物质，充实正气，提高神气，以保证人体各器官下常功能的发挥。

第三，疏通经络

经络是人体运行气血、联络脏腑、沟通内外、贯穿上下的通路。人体通过经络将各个脏腑器官组织连成一个整体，以保证脏腑的正常功能。经络将脏腑、头、四肢百骸连成一个大的整体，不断地将脏腑之精华输送到人体的各部分，维持人体这个巨系统的功能。经络的通畅是发挥人体各部分正常动能的关键，所以，《内经·经脉篇》明确强调："经脉者，所以决死生，处百病，调虚实，不可不通"。这皆说明了人之健康与生长，病之酿成与痊愈，均与经络有着极为密切的关系。

任何一个脏腑功能的减弱，某一部分经络的不通，都会影响到其他脏腑的功能。因而，出现失调（即产生心理不平衡），心情很难平稳，怨、恨、恼、怒、烦等各种表现丛生，使人体的整个功能受到影响，这时人体内部的潜能便无法得到开发和利用。

第四，不断开放

我们知道，由于人是一个开放、复杂的巨系统，只有不断地打开关口（穴窍），才能保证精华的引入和废物的排出。

3. 练静是开发潜能的关键

第一，古代修炼家的体会

道家主张，"定能生慧"，"静能生明，因定生慧。"

儒家倡导，"静能文思泉涌。"

老子在《道德经》中说："致虚极，守静笃"，又说："能正能静，而后能定，定在心中，耳聪目明，四肢坚固，可为精舍。"

曾子说："知止而后能定，定而后能安，安而后能虑，虑而后能得。"

诸葛亮说："非淡泊无以明志，非宁静无以致远。"

李白诗歌创作的重要源头是"静坐观众妙"，他具有研修道功，禅定的良好素质。李白的挚友杜甫对李白评价，"自是君身有神骨，世人哪得知其故"，杜甫认为，李白是天才，李白自知写诗的灵感是来自修禅定，有大量静修诗为证。

第二，现代科学研究

心理学家们认为人脑中存在着潜意识，人脑潜能与潜意识有关，将人的意识（思维）称为显意识。他们人为，开发人的大脑潜能最好的时刻，是显意识处于休息状态而且肌肉放松的时候，这实际上是指静定练习中所指的松、静状态，即思维停止的时候，可以很好的开发挖掘人脑潜能。

脑科学家们研究人处于松、静状态时，脑细胞有序化排列程度显著提高，这表明思维能力提高。有的发现左脑 a 波向右脑转移，这反映了两个半脑的协调作用提高。有的测得善于入静者脑电波的波幅有显著增大，可从常人清醒的 50 微伏提高到 150 ~ 200 微伏，这表明了脑功能的增强，脑细胞利用率的增加。同时脑电波出现频率减小的波。表明，这时人的记忆力最好。还有的研究得知静极时免疫力提高，耗氧量减少等等，这些都表明了在静的状态下脑功能的开发和利用。

在静修过程中观想、意守、导引时，越形象越具体，右脑开发的越好，形象思维能力越强，人显得越聪明。

第三，有规律的手脚活动是开发脑的重要方法

根据人的左半脑支配右半身，而右半脑支配左半身，所以身体左半部（特别是手脚）有规律的活动是右脑开发的一个重要方法。有人说："儿童智慧在手指上。"而两侧有规律的协调活动可以同时使左右两个半脑得到开发，所以，勤劳的人手巧，手巧的人脑子开发利用的就好，必然聪明。

第四，美好的形象可以调动人脑积极性

在练习前和练习过程中多想成功时的形象（出现成功时的表现），能激发人的积极性，如想自己、老师、家长和朋友的长处，对学习处于主动地位极为有利。

第五，脑子越用越灵

右脑的主要作用是表现在形象思维，那就是说，形象思维的提高表明右脑功能得到了发挥。反之，形象思维的应用必然促进右脑的开发。这是脑子越用越灵的道理。犹如产品的销售，又反过来促进产品的进一步开发。

人在松静时的观想、意守、导引等都是形象思维的具体运用，对开发大脑的潜能及其运用，具有十分重要的意义。

我国古代就有不少运用形象思维，充分发挥右半脑储存信息

的能力的作用，从而实现记忆快、记得牢，储存时间长等特点，如唐僧的徒弟孙悟空、猪八戒都设计了特殊的形象，还有三国时期诸葛亮手拿一把羽毛扇，这些奇特形象让人一看便知，一些情节一想便明了，记得牢，很难忘记，这些都是右脑很好发挥作用的结果。

4. 全面开发人脑的理论基石

全面开发人脑是一项前沿性的系统工程，它涉及到许多学科，其中教育科学、心理科学、人体科学和脑科学等领域的研究成果都直接关系到这项工程的进展。如何综合这些相关学科的研究成果，提出一种全面开发人脑的理论，开辟一条切实可行、行之有效的全面开发人脑的途径，是摆在我们面前的一个重大课题。为了研究并解决全面开发人脑的问题，首先要奠定它的理论基石。

（1）现代人脑高级功能的"模块"说，是全面开发人脑的一块重要的理论基石。

100多年来，人脑高级功能理论的演变大致经历了3个阶段：以"颅相学"为标志的初始综合研究阶段，以"定位说"为标志的分析研究阶段，以"模块说"和"意识调控"说为标志的第二个综合研究阶段。

作为全面开发人脑的理论基石，"颅相学"不可取。因为人的头颅骨的外形特征与头颅内部的结构和功能并没有相关性，两者并没有规律性联系。

"定位说"也不可取。因为：其一，无论是"左脑优势说"还是"左、右脑功能高度专门化"的发现，都是以病例分析为依据得出的结论。以病例分析得出的脑功能"定位说",在应用于教育科学研究和教育实际工作时,必须慎之又慎,切不可不加分析地照搬。其二,新的"定位说"之后,加查尼加用"模块说"替代了"定位说"。近几年来,运用无创伤脑成像技术获得的大量扫描图显示:脑功能定位是相对的,在任何时候都不存在只有一个脑区自身在活动的情况。

(2)人脑具有调控自身各功能系统的功能,这是全面开发人脑的又一块重要的理论基石。

我国脑科学家万选才曾指出:人脑不仅是一切心理活动的器官,而且还是"人体适应内、外环境的各种行为的始发者和各功能系统活动的协调者"。

我国心理学家提出:人脑的功能具有两个系统,一个是对外部信息的加工系统,另一个就是对自身身心的调控系统。加工与调控是人脑不可分割、交互作用的两个功能系统,两者常常体现在统一的活动之中。

在人脑的调控系统中,作为高级功能的"意识"起着作用。

从脑科学角度说,意识是神经系统在正常工作状态下的一种功能表现,在大脑功能态中,脑高级活动的意识性质决定着低层次神经活动的进程。

从人体科学角度说,意识是人体最高层次的运动,它可以返回来作用较低层次的活动,"意识反馈"是调节人体功能态的一种物质交换和信息交换更重要的手段。

从心理学角度说,意识是人特有的一种对客观现实的高级心理现象,而作为"人对自身身心活动的认识、调节和监控"的"反思"系统则是人脑调控系统中的最高层次。

5. 全面开发人脑的三层含义

（1）以人脑为核心的整个身心功能的全面开发。

人的任何活动，从表面看，只是手、眼、脑的活动，而实际上，无论个体是否意识到，他的整个身心都参与了操作活动。

我国著名心理学家潘菽先生曾明确指出："心理不仅是人脑的机能……感觉器官也是重要的心理器官。其他如周围神经、肌肉、腺体，甚至内脏也都是心理器官或者和心理活动有所联系的。总之，可以认为整个人体都是心理的器官。"这里，又有3层意思：

①脑与整个身心是密不可分的有机整体。一方面，脑指挥、调控着人的身心活动；而另一方面身心的功能（各个身体器官的功能及其协调性和身体的健康状况等）又影响着脑功能的开发。

②身心全面开发是指生理和心理功能的开发。生理功能的全面开发是指人体各个器官——眼、耳、口、手、身等功能的协调开发，其中包括大运动（全身活动）和小运动（手指的精细动作）的有机结合。心理功能的全面开发是指对感知、记忆、思维（尤其是推理）、意识和情感、意志乃至个性品质诸方面的全面开发，其中，意识和心态的训练尤其重要。

③生理和心理两大功能的开发都不是孤立进行的，两者是在同一活动中完成的。

（2）脑的各个部分的全面开发（全脑开发）。

在人脑高级功能中，大脑固然起着举足轻重的作用，但人脑的其他部分，如脑干和间脑也都起着不可忽视的作用。现代脑科学研究证明以下几点。

①脑干各部分的功能是：延髓——生命中枢，控制呼吸、心率等；脑桥——中脑与延髓之间传递运动情息的桥梁；中脑——控制许多感觉功能和运动功能，其中包括眼球运动及视觉、听觉反射间的协调；小脑——调制运动的力度和范围，参与运动技能学习。间脑各部分的功能是：丘脑——处理自中枢神经系统其他部分到达大脑的信息；下丘脑——调节自主功能，内分泌和内脏功能的整合。

②开发大脑不只是左半球与右半球某一侧的开发，而应是左右两半球整体功能的协调开发。应该指出的是，关于大脑的两半球功能定位现象是在特殊情境下表现出来的。对于正常人来说，不应把左右脑分开来进行研究和开发，把这个观点引入教育工作和教改实验更应慎重。当前，有人对脑功能定位理论的理解有偏差，强调分工，忽视协作，不恰当地强调"左脑或右脑开发"，这有损于大脑的全面开发。原因有以下几点：

第一，大脑两半球的功能是平衡、协调发展的。左脑与右脑是互相配合的，若没有左脑功能的开发，右脑功能也不可能得到充分的开发；同样，若没有右脑功能的充分开发，左脑功能也得不到很好开发。开发脑是为了促使大脑两半球的平衡、协调发展。

第二，在教育实际工作中，存在着忽视右脑开发的倾向，但与此同时，也存在着左脑开发不够和方法不当的倾向。例如，忽视学生逻辑思维能力，尤其是辩证逻辑思维能力的培养；又如，在幼儿园、小学低年级教育中忽视具体形象思维向抽象逻辑思维的及时转化；再如，教育者不了解学生直觉行动思维、具体形象思维和抽象逻辑思维这 3 种思维成分的有机组合并螺旋上升的发展规律。

第三，大脑两半球是作为一个整体来接收外界刺激的，无论是语言的刺激还是形象的刺激，它们并不只作用于某一个半球。对同一种刺激，左右两半球都将会做出各自的反应。例如：文字符号的接收虽然主要是属于左脑的功能，但语言的声调和字形则是由右脑分管的。还有资料表明，人们听音乐，并非只使用右脑，在欣赏歌词时，就是用左脑的语言感觉功能去把握的（以上是按左右脑分工说分析的，而实际上，对语言和音乐的反应需要人脑许多功能模块的共同作用）。

（3）人脑三个层次水平的全面开发。

"三个层次"是指：现有水平（显能）、潜能水平（潜能）和自我调控水平（"反思"功能）。在全面开发人脑功能时，首先要展示并调整人脑现有的水平，并以此为基础挖掘脑的潜在能量，而这两步又是靠调动人的"反思"功能实现的，这样做就便于把全面开发人脑的设想落到实处。上述的 3 层含义彼此不是并列的，也不是简单的包含关系，而是层层深入的。从总体上说，人的身心的全面开发是全面开发人脑的基础，而全面开发人脑是身心全面开发的核心。具体地说，人脑的全面开发又可分为 3 个不同的层次，其中，反思是它们的最高层次，它是人脑全面开发3 层含义的核心内容，是实现人的身心全面发展和人脑全面开发的一种"高技术"。

6. 如何开发潜能

（1）要树立远大志向。古人讲"非志无以成学"、"志不强者智不达"。所谓立志就是激励自己走向一条进取的、迎难而上的、智慧的人生之路。人有了志向，就会对自己严格要求，就会克服前进路上的任何困难，他的聪明才智才会发挥出来。正如高尔基所说："我常常重复这样一句话，一个人追求的目标越高，他的才力就发展的越快，对社会就越有益，我确信这也是一个真理。"有些同学智商很高，但由于缺乏远大志向，现有的智力都不能得到彻底发挥，更谈不上开发潜能。

（2）要提高身心健康水平。健康的身体、充沛的精力、愉快的心情可使人的智力机能很好地发挥作用，反之，人的智力活动就会受到压抑。可见身心健康是开发潜能的基础。要提高身体健康水平，可以从饮食、睡眠、锻炼三方面进行调整。要提高心理健康水平，需要涵养自己的性格，建立和谐的人际关系。

7. 开发潜能的条件

我们先摘录一些有关资料：

（1）"脑内成熟的神经元树突棘仍有相当程度的可塑性或易变性。生活环境、学习训练、营养条件、各种外界刺激（光照、冷热等）以及衰老、脑病等都会引起脑内神经元树突棘形态与数量的变化。"

"良好的脑营养条件必须伴有优越的生态环境，才能使脑的高级功能充分发挥。对于人脑发育来说，优越生态环境主要是教育环境，因此，无论怎么样高效的营养品都取代不了学习和教育。"

"实践和思维是智力形成的两种运动形式，思维方式的优化和更新会使人变得更聪明、更有创造性。马克思创作了伟大的《资本论》，被认为是社会实践和辩证思维方式相结合的产物；爱因斯坦创立了不朽的"相对论",被认为是科学实践和思维方式优化的结果。""脑具有巨大的适应性和可塑性。""时间与思维是产生智慧的两种主要运动形式,智慧源于实践而成于思维,有人提出思维科学是开发智慧的科学。"

"激发潜能完成转化的必要条件是,在参与活动时,个体必须具有主动性和有效性。所谓参与活动的主动性就是指学生在学习实践活动中积极地调动其认知和情感动机活力,将自己潜在的能力发动到一定的激发状态,为转化提供了有力的也是必要的条件。参与活动的主动性还是指学生实实在在地参与了学习实践活动,全身心地参与了学习活动;而且不仅如此,所谓的参与活动的有效性,指学生还要实地参与活动,将处于激发状态的潜能,在活动中得到体现,也就说切实获得学习实践的质量和效果,没有收获,没有效果的活动,不能算是头质上参与实践活动。主动性和有效性是衡量是否实质上参与活动的两条标准,同时也是能否使潜在能力转化为智慧能力的两个必要条件。"

"突触连接的可塑性。突触的可塑性是脑内神经可塑性的核心问题。"

"影响突触可塑性的最重要因素是突触的活动性或使用频率,也就是通过突触部位的信息量的多少。用进废退,只有充分发挥功能作用的神经环路和突触连接才能巩固和发展,使用频率增加的神经环路中可形成更多的突触,而使用频率减少可使现存的突触退化。因此,经验依赖性和功能活动依赖性的突触可塑性是智力开发的理论依据。人们可以通过脑力锻炼或加强思维活动以保持脑内突触连接的高频率使用,从而有利于智力开发。"

(2)从以上摘录的资料中,我们可以把开发潜能的条件归纳为下列 2 条：

①人脑神经系统结构和功能的可塑性是潜能开发的基础，而影响它们的外部条件是教育环境和营养结构等各种刺激，而学习和教育是最重要的因素。

A．教育的影响主要表现在创造各种有利因素，促进学生积极主动参加实践活动，而且不断取得成绩。

B．用进废退，组织学生进行有效的外部和内部的活动，可以激活脑细胞和促进脑细胞生长，从而有效开发人脑的潜能。

C．国际上对大脑潜能的开发和应用。

如何吸取脑科学研究的新近成果有效地开发儿童的智慧潜能呢？这种对大脑进行训练的研究和应用，在国际上称为"脑力开发教学"。脑力开发教学是针对幼儿大脑成长的规律而设计的一种幼儿教学方法，它在美国叫"潜能开发"，在日本叫"零岁教育"，在欧洲又称为"大脑生理学派教学法"。零岁脑力开发教学"被称为在目前幼教理论中最新、最进步、具有超前性的教育方法。因为 0～6 岁时人类大脑成长最快的阶段，6 岁前大脑发育已达 85% 以上。

②开发人脑潜能的思路。

创造特定的条件，引导老师进行各种形式的操作，并从中悟出道理；运用"反思"的模式，贯彻在操作全过程中，充分发挥意识的能动作用，达到知行统一；完成"操作—'反思'—迁移"的全过程并及时见效。

第五节　开发右脑的潜能

人脑中有 2000 亿个脑细胞，可储存 1000 亿条讯息，思想每小时游走 300 多里、拥有超过 100 兆的交错线路、平均每 24 小时产生 4000 种思想，是世界上最精密、最灵敏的器官。研究发现，脑中蕴藏无数待开发的资源，而一般人对脑力的运用不到 5%，剩余待开发的部分是脑力与潜能表现优劣与否的关键。人的脑部构造分为大脑与小脑。大脑由大脑皮质（大脑新皮质）、大脑边缘叶（旧皮质）、脑干、脑梁所构成。大脑皮质从位置上可分为额叶、聂叶及枕叶 3 部分。

此外，脑又分为左、右两半部，右半球就是右脑，左半球就是左脑。而左右脑平分了脑部的所有构造。左脑与右脑形状相同，功能却大不一样。左脑司语言，也就是用语言来处理讯息，把进入脑内看到、听到、触到、嗅到及品尝到（左脑五感）的讯息转换成语言来传达，相当费时。左脑主要控制着知识、判断、思考等，和显意识有密切的关系。

右脑的五感包藏在右脑底部，可称为本能的五感，控制着自主神经与宇宙波动共振等，和潜意识有关。右脑是将收到的讯息以图像处理，瞬间即可处理完毕，因此能够把大量的资讯一并处理（心算、速读等即为右脑处理资讯的表现方式）。一般人右脑的五感都受到左脑理性的控制与压抑，因此很难发挥即有的潜在本能。然而懂得活用右脑的人，听音就可以辨色，或者浮现图像、闻到味道等。心理学家称这种情形为共感，这就是右脑的潜能。

如果让右脑大量记忆，右脑会对这些讯息自动加工处理，并衍生出创造性的讯息。也就是说，右脑具有自主性，能够发挥独自的想象力、思考，把创意图像化，同时具有作为一个故事述说者的卓越功能。如果是左脑的话，无论是你如何绞尽脑汁，都有它的极限。但是右脑的记忆力只要和思考力一结合，就能够和不靠语言的前语言性纯粹思考、图像思考连结，而独创性的构想就会神奇般地被引发出来。

公元 1981 年，诺贝尔医学或生理学奖得主罗杰·史贝尼教授将左右脑的功能差异归类整理如下：

右脑（本能脑·潜意识脑）

图像化功能（企划力、创造力、想象力）

超高速自动演算机能（心算、数学）

左脑（意识脑）

与宇宙共振共鸣功能（第六感、念力、透视力、直觉力、灵感、梦境等）

超高速大量记忆（速读、记忆力）、知性、知识、理解、思考、判断、推理、语言、抑制、五感（视、听、嗅、触、味觉）

人的右脑具有直观性的整体把握能力、形象思维能力、独创性等，所以右脑的开发对于个人的成功而言是不可欠缺的。而在现代社会，右脑开发的重要性显得尤为突出，是每个希望获得成功的人士所必须重视的。

右脑是图像脑，侧重于处理随意的，想象的，直觉的以及多感观的影像。右脑是通过图像进行思考的半球，所以能够将语言变成图像，不仅如此，右脑还能把数字变成图象，把气味变成图像。右脑将看到，听到和想到的事物，全部转化为图像进行思考和记忆。当右脑分析一个词是时，比如右脑读"猫"这个词时，会自动的在右脑的影像库中搜寻猫的形象，然后将猫这个词与它的图片，感觉连接在一起。在分析一句话，比如"猫在睡觉"，影像库中出现的就是一只猫在太阳底下蜷成一团迷迷糊糊地睡觉的图像。或许还夹杂着轻微的鼾声。

照相记忆利用的正是右脑的图像处理能力，无论是大段的文字，还是一幅幅的图片，当右脑想记住什么内容时，都先把它们转化成图像摄入脑海，就像照相机一样，把内容在大脑中定格成一幅图。用到时，脑海中的图像便浮现在眼前。

右脑照相记忆的速度远远大于左脑，这是由于处理信息时，左脑将信息进行词汇化处理，五感也要变成语言才能传达出去，所以花时间。而右脑将信息以图像化处理，所以非常迅速，只要花几秒就可以。

利用右脑的图像记忆原理，在快速阅读的高级阶段也是用的图像阅读，见图不见字。古人云"一目十行"正是开发了大脑的图像阅读功能，由于右脑具有超高速信息输入的喜好，因此 3 分钟阅读完一本书，即所谓的"波动速读"影像阅读，更是把右脑的影像记忆功能发挥到了极致。

一、激活脑、眼潜能提高阅读速度

1．人脑的优势

人脑由 140 亿个脑细胞组成，每个脑细胞可生长出 2 万个树枝状的树突，用来计算信息。人脑"计算机"远远超过世界最强大的计算机。

人脑可储存 50 亿本书的信息，相当于世界上藏书最多的美国国会图书馆（1000 万册）的 500 倍。

人脑神经细胞功能间每秒可完成信息传递和交换次数达 1000 亿次。

处于激活状态下的人脑，每天可以记住 4 本书的全部内容。

人类对于大脑的研究有 2500 年的历史，然而对自身大脑的开发和利用程度仅有 10%。

2．人眼的优势

人的每只眼睛有 1．3 亿个光接收器，每个光接收器每秒可吸收 5 个光子（光能量束），可区分 1000 多万种颜色。

人眼通过协调动作，其中的光接收器可以在不到 1 秒钟的时间内，以超级精度对一幅含有 10 亿个信息的景物进行解码。

要建造一台与人眼相同的"机器人眼"，科学家预计将花费 6800 万美元，并且这台"机器人眼"的体积有一幢楼房那么大！

3．眼、脑直映

速读训练记忆原理就在于激活脑、眼潜能，培养阅读者直接把视觉器官感知的文字符号转换成意义，消除头脑中潜在的发音现象，越过由发声到理解意义的过程，形成眼脑直映式的阅读方式，实现阅读提速的飞跃。由于人眼、人脑的器质优势，只要通过训练，源活潜能，要达到一目一行、一目十行就不是难事。

科学研究表明：在低等动物中，动物的器质结构差异决定了某些动物即使通过训练也不会具备某些技能，就如家犬很难被训练成优秀的猎犬一样；但作为高级动物的人，其器质结构的先天差异是十分微小的，这就好比一个搬运工和一个学者，搬运工成不了学者并不是先天决定的不可能，而是后天的不训练。

第一，多听古典音乐

音乐是增加智慧的必备营养物，耳聪目明的人大脑才发达，大脑和五官紧密相连，锻炼五官是可以增加大脑的智慧的，让孩子听听高雅的古典音乐，对宝宝右脑开发有很大的作用。其中，类似击掌节拍，尤其适合宝宝听，可以边听边让孩子用左手模仿按琴键的姿势，听小提琴曲是则让宝宝模仿按琴弦的样子。如果让孩子能够在早期教育中把音乐潜能开发出来，以后从事音乐事业的话，简直是如鱼得水，他能分辨各种各样的音调。

第二，训练使用左手

训练孩子的左手，多用左手开发右脑，这是因为左手的形体动作是被右脑控制，因此可以让孩子用左手剪东西、写字、画画、抓玩具。让宝宝多用右脚、左耳等等也同样有效果。此外，让孩子反复扣扣子、拉拉链、系鞋带等细小手指动作，也有利于开发宝宝的右脑，并且两只手都会得到训练。

第三，带孩子逛超市商场

带孩子一起去逛商场是开发孩子右脑的有一种有效途径，因为这样能培育孩子综合各种知识以及判断能力等。父母可以教孩子独自挑自己感兴趣的东东，也可以教孩子怎样根据价格来挑选面包、水果以及玩具等等，这些游戏都是通过幼儿记忆事物的形态，来提高右脑对事物整体结构的认知能力。

第四，提高孩子的认知能力

给孩子看小动物身体的一部分,让他想象小动物是什么,有怎样的外貌,将一幅画的一部分遮起来,让孩子猜猜其他部分是什么个样子等等。这些游戏都是通过幼儿记忆食物的形态来提高右脑对事物整体结构的认知能力。另外要带孩子到大自然去熏陶,让孩子爱上自然,这很有利于孩子充满探索欲。

第五,让孩子干家务

孩子的父母有意把房间弄乱,然后教孩子重新整理。开始宝宝肯定是做不好,分不清垃圾的种类,不知道怎样用抹布擦净桌子,家长应该耐心指导,教几遍后宝宝就会做好。此外还可以教宝宝怎么样洗水果,怎样拿筷子等等,一样对孩子右脑发育有很大的帮助,还能培养孩子独立生活能力。

第六节　能力开发靠什么

能力分为脑力和体力。我们通常说的能力是脑力,想得到就是有能力,没想到就是没这个能力。有能力和没有能力的人的区别在于:有能力的人想出了解决更多问题的方法和更多解决问题的方法。只要是健康人,都有可能成为有能力的人,就好比每个人都是一台电脑,在硬件上没有区别的话,有没有某样功能、功能是强是弱,就看它有没有安装那个软件。人是比电脑复杂精密的(宇宙中人类的出现本身就是一个奇迹),"硬件"当然也有所区别(世界上没有两个人是一模一样的)。但人的"硬件"可以分几个大类,大多数人都属于普通类,那么影响(甚至是决定)人的能力的因素就是后天的外界事物(环境)了。见识

（知识）的长短、个人的思维习惯最能使能力产生差异。能力，是一种常态，是需要保持的，并不是有了某种能力以后就一直有了（时间可以淡化一切）。体力方面的能力则是可以勤奋锻炼出来的：比如舞蹈、歌唱、足球、田径。（其实我倒不认为这是能力，这好比：对于某些老年人来说，能走路也是一种能力。）能力，其实是欲望（说得高尚一点，叫做理想）和效果的中间物介：你有什么想法，你要去完成它，在这之间，能力就表现出来了。欲望越大，越去实行，表现出的能力就越大。但欲望太不现实或者想法不实现，就会变得迷茫，这就会怀疑自己：乏能？这就是"没有"能力。（无欲，不是心灵的轻松，而是度日的昏庸。）每个小孩子都认为自己是无所不能的，但越长大就会越来越禁锢，把自己关进思想的黑匣子，认为自己能力平平。

记得小时候常常问父亲："别人为什么那么富？"父亲黯然地说："别人有能力啊！"我又问："能力是什么？"他就回答不上来了。其实那时我也知道，能力是一件多么抽象的东西！只要"那样去想、那样去做"，这，就是能力。

能力是人们顺利完成某种活动所必备的个性心理特征。任何一种活动都要求参与者具备一定的能力，而且能力直接影响着活动的效率。

例如，搞外交工作，要具有灵活而敏捷的思维、较好的语言表达能力、较强的记忆等能力；从事管理工作，要具备一定的组织、交际、宣传说服等能力。只有在能力上足以胜任工作，才能取得良好的工作绩效。否则，工作就不能顺利进行。

能力和知识是有区别的。知识是人类经验的总结和概括；能力是一个人比较稳定的个性心理特征，它表现在人们掌握知识和技能的难易、快慢、深浅、巩固程度以及应用知识解决实际问题等方面。一般来说，能力的形成和发展远比知识的获得要慢。

能力和知识又是密切联系着的。一方面，能力是在掌握知识的过程中形成和发展的，离开了学习和训练，任何能力都不可能发展；另一方面，掌握知识又必须以一定的能力为前提，能力是掌握知识的内在条件和可能性。但是，能力与知识的发展并不是完全一致的。在不同的人身上可能具有相当的知识，但他们的能力不一定是相等水平的；而具有同样水平能力的人也不一定有同等水平的知识。

一、一般能力和特殊能力

一般能力是在很多基本活动中表现出来的能力，它适用于广泛的活动范围。例如，观察力、记忆力、注意力、想象力、抽象思维能力等等。在西方心理学中把一般能力称为"智力"。特殊能力是表现在某些专业活动中的能力，它只适用于某种狭窄的活动范围。例如，节奏感受能力、色彩鉴别能力、计算能力、飞行能力等等。

二、基本能力和综合能力

基本能力是指某些单因素能力，即主要通过大脑某一种功能完成的心理活动中表现出来的能力。例如，感知、记忆、思维、肌肉运动等能力。综合能力是由许多基本能力分工合作下完成的活动中表现出来的能力。例如，数学能力、音乐能力、管理能力等等，这些都是由某些基本能力结合而成的综合能力。

能力是个性心理特征之一，不同的人在能力方面是存在差异的，其差异一般表现在以下几个方面：

1. 能力类型的差异

每个人所具有的能力都不仅仅是一种，而是多方面的。对于一个人来说，在他所具有的多种能力中，总有相对来说较强的能力，也有一般的能力和较差的能力，即每个人的能力都是多种能力以特定的结构结合在一起的。由于不同人的能力结构不同，因而能力在类型上便形成差异。如果进一步分析，每一种能力也有类型的差别。如记忆能力，有的人属于视觉型，即视觉识记效果较好；有的人属于听觉型，即听觉识记效果较好；有的人则属于运动型，即有动作参加时识记效果较好等等。

由于能力类型的差异，因而人们在实践活动中处理和解决问题的方式方法常常各不相同，虽然完成的是相同的任务，但往往是通过不同能力的综合来实现的。例如，两个管理者都很好地完成了管理工作，都表现出了良好的组织能力，但甲可能是通过综合个人的技术能力、人际交往能力和演说能力从而较好地实施了管理；乙可能是通过综合调查的能力、分析的能力和正确决策的能力，从而圆满地完成了管理任务。

2. 能力水平的差异

能力水平的差异，是指人与人之间各种能力的发展程度不同，所具有的水平不同。例如，正常的人均具有记忆能力，但人与人之间的记忆力强度不同；正常的人也都有思维能力，但思维的广度和深度也不同。在心理学的研究中，有人把能力水平的差异分为 4 个等级。

（1）能力低下

轻者只能从事一些较简单的活动，重者即为白痴，丧失活动能力，甚至连生活也不能自理。

（2）能力一般

即所谓"中庸之才"，有一定的专长，但是只限于一般地完成活动。

（3）才能

即具有较高水平的某种专长，具有一定的创造力，能较好地完成活动。

（4）天才

即具有高水平的专长，善于在活动中进行创造性思维，取得突出而优异的活动成果，达到常人难以达到的程度和水平。

据调查，能力水平在人群中的分布是：能力低下者和天才均极少，能力一般者占绝大多数，才能者较少。

人们的能力表现在时间上是存在差异的。有些人在童年时期就表现出某些方面的优异能力，即所谓的"早熟"。例如，我国唐初的王勃，10 岁能赋，少年时写了著名的《滕王阁序》。但也有些人的才能一直到很晚才表现出来，这就是所谓的"大器晚成"。例如，我国画家齐白石 40 岁才表现出他的绘画才能；达尔文在 50 多岁时才开始有研究成果，写出名著《物种起源》一书。造成这种现象的原因是多方面的，可能是由于这些人在早期没有学习或表现自己能力的机会；也可能是早期智力平常，但经过长期的勤奋努力，3. 能力有了明显的提高。

另外，人们能力表现的方式也存在着差异。有些人所具有的某方面能力很容易表现出来，很容易为别人所了解；相反，有些人虽然具有某方面能力，但在他们从事这类活动之前，人们较难发现。造成这种情况的原因主要是人的气质和性格，一般来说，外向型的人所具有的能力较易被人发现；内向型的人所具有的能力则较难被人发现。

3. 能力与量才为用

合理用人，从古至今都是成事的关键，也历来是管理的重要原则之一。作为现代管理者来说，这一点更为重要。现代管理特别强调："只有无能的管理，没有无用的人才。"一个管理者只有根据职工的能力状况做到量才为用，才能把职工的作用最大限度地发挥出来，从而提高管理效率。具体来说，管理者在使用人时，应注意以下原则：

一是能职一致原则。每一种工作都对从事该工作的人的能力水平具有一定的要求。管理者在安排人员时，应尽量使职工本身所具有的能力与实际工作的要求相一致，这就是能职一致原则。在现实中，一个人所具有的能力如果低于实际工作所要求的水平，这个人会表现出无法胜任，给工作带来影响。但一个人所具有的能力水平如果高于实际工作的能力要求时，不仅浪费人才，而且本人不满足现状，因而工作效果也不佳。

美国心理学家布兰查特（Blanchard）曾举过一个例子说明这个问题。美国建立第一个农业大工厂时，需要雇佣一批保安人员。由于当时劳动力过剩，工厂规定雇佣保安人员的最低标准为高中毕业生，并具有三年警察或工厂警卫的经验。但按这个标准雇佣的保安人员工作后，感到所从事的工作（只检查进门的证件）单调、乏味，表示无法容忍，因而对工作漠不关心，不负责任，而且离职率很高。后来工厂雇佣只受过四五年初等教育的人来担任这个工作，他们对工作满意，责任心强，缺勤率和离职率都很低，保卫工作做得很出色。这说明，人的能力低于或高于工作的要求时，都会影响工作的效果，只有二者达到一致，才能最有效地发挥人的作用。当然，在我们社会主义国家，我们应该教育职工服从社会的需要，能力偏低的人应通过刻苦勤奋来弥补自己能力的不足，努力做好工作；能力偏高的人，应该顾大局、识大体，做好本职工作。但是，作为管理者，在可能的情况下，应尽量使职工的能力与工作要求相一致，这样才能做到人尽其才。

二是能职优化组合原则。人的能力是多方面的，而且有着类型的差别。在使用人时，应该从人的"强项"出发，实现工作与长处的结合，使其较强的能力充分发挥出来，这就是能职优化组合原则。在用人时扬长避短，这是人所共知的道理，但在实际管理中做到这一点并非易事。因为人有所长，必有所短，而且常常是优点越突出缺点也越明显。

在现实中，有些管理者由于不能容其短，因而就难以展其长。或者由于被某些"反映"或"舆论"所左右，宁肯使用平庸而没有争议的人，也不敢起用有争议而才华突出的人。实际上，十全十美的人在世界上是没有的。鲁迅曾说：倘要完全的书，天下可读的书，怕要绝无；倘要完全的人，天下配活的人也就有限。美国管理学家杜拉克在《有效的经营者》一书中写道："倘要所用的人没有短处，其结果至多是一个平平凡凡的组织。所谓'样样皆是，必然一无是处，才干越高的人，其缺点往往越明显。'……一位经营者如果仅能见人之短而不能用人之长，从而刻意挑其短而非着眼于展其长，则这样的经营者本身就是一位弱者。"他还特别举了林肯在南北战争中任命嗜酒贪杯的格兰特将军为总司令的事例。林肯知道喝酒可能误事，但他更知道格兰特是难得的帅才，所以他容忍了他的缺点而委以重任。事实证明，格兰特将军的受命，使南北战争出现了转折点。因此，作为管理者，应善于发现和发挥人的长处，尽力使每个职工所从事的工作，都是最能发挥其较强能力的工作。

三是能力互补原则。在组建群体时，考虑成员间能力上的搭配与协调，使之在工作过程中能够配合默契，相互补充，这就是能力互补原则。坚持这一原则应考虑两方面的问题。

首先是人的能力是有类型差异的，而要圆满完成群体工作任务，实现组织目标，往往需要各种能力类型的人，因此，在组建工作群体时应考虑到各种能力类型的搭配与互补。群体成员应具有各不相同的特长，整个群体应尽可能具有各方面的专门人才，这样才能在具体工作中取长补短、相互配合，保证工作任务顺利完成。

其次是实际工作是分层次的，有管理与被管理、领导与被领导之分，有职责分工和级别的差异，而不同的工作对人能力水平的要求也不同。因此，在组建群体时应考虑到这种差异，尽可能使成员的能力有高低层次之分，按梯次结构搭配。这样，虽然单个人的能力可能并不很强，但群体内耗小，因而群体的整体力量却可以很大。在现实中，有些管理者认为，人才越多越有利于组织发展，所以，总是千方百计聚集人才。但是，如果人才超过了实际工作的需要，常常会适得其反。在一个群体中，成员的能力水平都很高，往往不如能力水平有层次更有利于相互配合、协调与互补。

　　总之，在群体中，只有能力类型齐全，能力水平有层次，才能有利于整体功能的发挥。

第二章　观察力

第一节　观察力与成功

观察力是指大脑对事物的观察能力，如通过观察发现新奇的事物等，在观察过程对声音、气味、温度等有一个新的认识。

一、如何训练观察力

要锻炼观察力，应从身边的事物、所处的环境、人的特点着手。比如：你家里的桌子的位置有轻微变化、你的一个新朋友的眼皮是内双的、今天路上的车辆比以往少了一点（由此你可以去推断为什么少，发生了什么）、餐厅见的某个陌生人是个左撇子、你周围的人的表情、穿着等等。

观察是一种用心的行为，而非随随便便地"看"。观察一个楼梯，你可以算它的级数、高低，光是看的话，你可能只是记得：它是一个楼梯。

在初练观察力时，最好养成有意识的观察。针对一个平凡常见的事物，你应有意地细微地观察它所具有的特征，注意常人难以发现的地方。再有，通过对比也是训练观察力的好方法。如：今天和昨天的窗户上的灰尘有什么变化、股市的变化并推测其未来趋势。观察，不仅要观察其内在本质，也要着重于发现事物的变化。

总之，持有一颗观察的心并付诸实践，长此以往，便可以训练出潜意识的观察能力，即对于什么事物，都会习惯性地去观察。这是一种好习惯。

观察力的特点

观察力的品质又称作观察力的特点。了解观察力的品质对提高智力有重要意义。

一是观察的目的性。一个人在进行感知时，如果没有明确的目的，那只能算是一般感知，不能称作观察。只有当那种感知活动具有明确的目的时，它才能算是观察。因此可以说，目的性是区分一般感知和观察力的重要特点之一。

作为观察的目的性，至少应当包括：明确观察对象、观察要求、观察的步骤和方法。而这些内容，可以在观察前的观察计划中以书面的形式写下来。一般地说，不论是长期的观察，系统的观察，还是短期的、零星的观察，都须制订观察计划。

观察的目的性，还要求我们在进行观察时，必须勤做记录。这种记录是我们保存第一手资料最可靠的手段。记录要力求系统全面，详尽具体，正确清楚，并持之以恒。贝弗里奇告诉我们："做详尽的笔记和绘图都是促进准确观察的宝贵方法。在记录科学的观察时，我们永远应该精益求精。"实践证明，要做好观察记录，特别是长期的系统的观察记录（如观察日记），必须坚持到底，持之以恒。切忌"为山九仞，功亏一篑"（《尚书》）。前中国科学院副院长、气象学专家竺可桢在北京几十年如一日，对气候变化进行长期观察，从不间断。他每天都坚持测量气温、风向、温度等气象数据，直到逝世的前一天。为编写《中国物候学》积累了丰富的资料。

二是观察的条理性。观察是一种复杂而细致的艺术，不是随随便便，漫无条理地进行所能奏效的。观察必须全面系统，有条不紊地进行。长期的观察需要如此，短期的观察也需要如此。

一般来说，有这样几种方式：

①按事物出现的时间说，可以由先到后进行观察。

②按事物所处的空间说，可以由远及近或由近及远地进行观察。

③按事物本身的结构说，可以由外到内，也可以由内到外，或者由上到下，由左到右，可以由局部到整体，也可以由整体到局部进行观察。

④按事物外部特征说，可由大到小或者由小到大进行观察。

观察力的条理性，可以保证输入的信息具有系统性、条理性，而这样的信息，也就便于智力活动对它进行加工编码，从而提高活动的速度与正确性。如果一个人做事杂乱无章，那通过他所获得的信息也就必然是杂乱无章的。这样，他的智力活动要在一堆乱麻中理出一个头绪来，必然要花费较多的时间和精力，甚至还可能影响到智力活动的正确性。

三是观察力的理解性。观察力包含两个必不可少的因素：一是感知因素（通常是视觉），二是思维因素。

思维参与观察力的主要作用，它可以提高观察的理解性。理解可以使我们及时地把握观察到客体的意义，从而提高我们对客体观察的迅速性、完整性、真实性和深刻性。

在观察过程中，运用基本的思维方法，对事物进行有效的比较分类、分析、综合，找出它们之间的不同点和相同点，这样，就易于把握事物的特点。考察事物的各种特性、部分、方面以及由这些特性、部分、方面所联成的整体，就会使我们易于把握事物的整体和部分。

四是观察力的敏锐性。观察力的敏锐性指迅速而善于发现易被忽略的信息。科学家和发明家的可贵之处就在于此。牛顿根据苹果落地发现了万有引力规律，瓦特根据水蒸气冲动壶盖发明了蒸汽机。在学习活动中，同学之间的观察力千差万别，同是一个问题，有的同学一眼就看出问题的要害和内在联系，有的同学则相反。敏锐性的高低是观察力高低的一个重要指标。

观察力的敏锐性与一个人的兴趣往往是密切相关的。不同的人在观察同一现象时，会根据自己的兴趣而注意到不同的事物。兴趣可以提高人们观察力的敏锐性，例如，同在乡野逗留，植物学家会敏锐地注意到各种不同的庄稼和野生植物；而一个动物学家则又会注意到各种不同的家畜和野生动物。达尔文曾经谈到自己和一位同事在探测一个山谷时，如何对某些意外的现象视而不见："我们俩谁也没有看见周围奇妙的冰河现象的痕迹；我们没有注意到有明显痕迹的岩石，耸峙的巨砾……"显然，达尔文对各类生物的观察力是非常敏锐的，但对于地质现象却没有什么兴趣。

观察力的敏锐性是与一个人的知识经验密切相关的。一个知识渊博、经验丰富的人，他在错综复杂的大千世界中，自然容易观察到许多有意义的东西。相反，一个知识面狭窄、经验贫乏的人。他面对许多被观察的对象，总有应接不暇的感觉，而结果什么都发现不了。当然，知识对观察的敏锐性还有消极作用。有些人常常凭借知识对一些事物进行主观臆断。歌德曾说过："我们见到的只是我们知道的。"

五是观察力的准确性。正确地获得与观察对象有关的信息。在观察过程中，不只是注意搜寻那些预期的事物，而且还要注意那些意外的情况。

其次，是对事物进行精确地观察：既能注意到事物比较明显的特征，又能觉察出事物比隐蔽的特征；既能观察事物的全过程，又能掌握事物的各个发展阶段的特点；既能综合地把握事物的整体，又能分别地考察事物的各个部分；既能发现事物相似之处，又能辨别它们之间的细微差别。

再次，搜寻每一细节。一个具有精确观察力品质的人，他在观察事物的过程中，就会避免那种简单的、传统的、老一套的方式，选择那种不寻常的、不符合正规的、复杂多变的创新方式，这往往是富有创造力的表现。例如，让被试者在 30 分钟之内用22 种不同颜色，3 厘米见方的硬纸片，拼成 24 厘米长、33 厘米宽的镶嵌图案时，创造能力高的人通常尝试用 22 种颜色，而较平凡的人则趋于简单化，利用颜色的种类较少。不但如此，创造能力较高的人所拼的图案，近乎奇特，无规律，不美观，他们不愿意依样画葫芦，仿拼任何普通图形，而愿意大胆地独出心裁，标新立异，不怕冒险，宁愿向通俗的形、色挑战。

各种观察力的品质在学习活动中有各自不同的作用。观察的目的性是学习目的性的一个有机组成部分，它保证我们的学习能够按照一定的方向和目标进行。观察的条理性，是循序渐进地从事学习的不可缺少的心理条件，它有助于我们获得系统化的知识。观察力的理解性可以帮助我们在学习中对由观察而获得的知识的理解，不至于生吞活剥，囫囵吞枣。为了获得某些看来平淡无奇，实际上意义较大的知识就必须具有敏锐的观察力。精确性可以帮助我们对所得到的知识深刻准确地领会，不致于似是而非，以假乱真，错误百出，漏洞丛生。在学习中，我们必须把观察力的各种品质结合起来，按照预定的目标去获得系统的、理解的、深刻的、真实可靠的感性知识。

二、如何培养观察力

人的观察力并非与生俱来，而是在学习中培养，在实践中锻炼起来的。特别是对学习自然科学的人来说，观察力尤其重要。要从小养成自觉地、认真地观察各种自然现象的习惯、兴趣和能力。通过直接体验，积累对自然现象的感性认识，培养对事物进行科学观察的能力和习惯。为了有效地进行观察，更好地锻炼观察力，掌握良好的观察方法是必要的。

1. 确立观察目的

对一个事物进行观察时，要明确观察什么，怎样观察，达到什么目的，做到有的放矢，这样才能把观察的注意力集中到事物的主要方面，以抓住其本质特征。目的性是观察力的最显著的特点，有目的观察才会对自己的观察提出要求，获得一定深度和广度的锻炼。反之如果东张西望，左顾右盼，对事物熟视无睹，你的观察力就得不到锻炼。例如，你想要办一个新的商店，需要从别的商店获得一些商品陈列的经验，此时，你去观察一定带着目的性。只有带着目的性的观察才是有效的观察，才能尽快提高自己的观察力。

2．安排观察计划

在观察前，对观察的内容做出安排，制订周密的计划。如果在观察时毫无计划，漫无条理，那就不会有什么收获。因此，我们进行观察前就要打算好，先观察什么，后观察什么，按部就班，系统进行。观察的计划，可以写成书面的，也可以记在脑子里。

3．培养浓厚的观察兴趣

每个人由于观察敏锐性的差异，在同一件事物的观察上出现不同的兴趣，注意到不同事物或同一事物的不同特点。因此，培养浓厚的观察兴趣是培养观察能力的重要前提条件。为了锻炼观察能力，必须培养每个人广泛的兴趣，这样才能促使人们津津有味地进行多样观察。同时，还要有中心兴趣。有了中心兴趣，就会全神贯注地对某一领域进行深入的观察。

有的同学喜欢观察星空，观察兴趣很浓，能长期坚持并写出观察日记。这样就可以增长知识，打开思路。有的同学对植物很有兴趣，注意观察植物的生长过程，从播种、发芽到发育、成熟，并做了大量观察日记。教师也经常给以指导，辅助以必要的知识。这样做不仅极大地培养了学生们的观察兴趣和持久的观察力，也提高了他们对事物发展全过程的表达能力。

观察兴趣，还能激发同学们的求知欲。

少年儿童对自然界的岩石、流水、风、雨、霜、雪、露、电、雷、动植物等都很有兴趣。时间久了，观察的兴趣和习惯就养成了。

4. 观察现象，探寻本质

观察力是思维的触角。要培养同学们的观察力，就要善于把观察的任务具体化，善于引导他们从现象乃至隐蔽的细节中探索事物的本质。

5. 培养良好的观察方法

大多数同学缺乏生活经验和独立、系统的观察能力，在观察事物时，往往抓不住事物的本质，或者看得粗心、笼统，甚至观察的顺序杂乱无章。

一个良好的观察者必须具备观察事物的技巧，掌握适当的观察方法。观察方法很多，这里介绍主要的几种：

实验观察法：就是通过做实验的方式进行观察。如解剖观察或化学实验然观察方法。就是对大自然中所存在的东西进行观察。如在田野或植物园里观察植物的生长情况；在森林和动物园里观察动物的活动情况等等。自然观察应注意选好观察点和观察对象，做好记录，并应进行多次原地或异地观察。

长期观察法：就是在较长的时期内，对某种事物或现象进行系统观察。如气象观察、天文观察等等。进行这类观察时要耐心细致，观察点一经确定，不能随意变更。

全面观察法：就是对某一事物的各个方面都进行观察，求得对该事物全面了解。

定期观察法：就是在某一特定时间内对某事物或现象进行

观察。

重点观察法：就是按照某种特殊目的和要求对事物的某一点或几个方面做重点观察。

直接观察法：这是一种观察者深入实际，亲自动手做实验取得第一手资料或直接经验的观察方法。

间接观察法：这是一种利用别人观察成果，得出深刻结论的观察方法。

对比观察法：把两个以上的事物有比较地对照进行观察。

解剖观察法：把观察对象分解成两个以上的部分进行观察。

6. 掌握丰富的知识经验

知识经验和良好的观察是辩证统一、互为因果的。一方面，良好的观察力是我们获得丰富知识和经验的前提条件；另一方面，丰富的知识和经验又是我们提高观察力的重要因素。一个人的观察总是与自己已有的知识经验联系在一起的。因此，在观察过程中，我们必须充分利用自己已有的知识和经验，这不仅有利于观察的顺利进行，同时也有利于观察力的不断提高。

7. 遵循感知的客观规律

观察和观察力是在感知过程中提高的。因为，为了培养观察力，就必须遵循感知的一些规律。也就是说感知的一些规律也成为观察的基本规律。感知规律主要有以下 5 条：

强度律：对被感知的事物，必须达到一定的强度，才能感知得清晰。一般人对雷鸣电闪是容易感知的，因为它的感知强度很高，而对于昆虫的活动，如对蚂蚁行走的声音就难以觉察。因此，在实践中，要适当地提高感知对象的强度，并要注意那些强度很弱的对象。

差异律：这是针对感知对象与它的背景的差异而言的。凡是观察对象与背景的差别越大，对象就被感知得越清晰；相反，凡是对象与背景的差别越小，对象就被感知得越不清晰。例如万绿丛中一点红，这点红就很容易被感知。鹤立鸡群，也是属于这类情形。但是在白幕上印白字，则几乎无法辨认。凡是两个显著不同甚至互相对立的事物，就容易被清楚地感知。因此，在观察中要善于用对比的方法，把具有对比意义的材料放在一起，甚至还可以制造对比环境。例如观察的高矮对比，色彩对比。

活动律：活动的物体比静止的物体容易感知。魔术师用一只手做明显的动作吸引观众的注意力，而另一只手却在耍手法以达到他的目的。所以，在观察中要善于利用活动规律，达到观察目的。

组合律：心理学的研究告诉我们，凡是空间上接近、时间上连续、形式上相同、颜色上一致的观察对象容易形成整体而为我们清晰地感知。因此，在实际观察中，要把零散的材料或事物，按空间接近、时间连续、形式相同或颜色一致的形式组合起来进行观察，从而找出各自的特点。例如在一堆乱物件中选大小相差不远、颜色相近的若干件，排列起来比较，就可看出彼此的差异。组合律，要求在观察中根据事物的特点进行适当的组合、编排，形成系统，分门别类。

协同律：指在观察过程中，有效地发动各种感知器官，分工合作，协同活动，这样可以提高观察的效果。也指同时运用强度、差异、对比等规律去观察对象。17 世纪捷克著名教育家夸美纽斯就曾要求人们尽可能地运用视、听、味、嗅、触等感官进行感知。我们学习要做到"五到",就是眼到、耳到、口到、手到和心到,目的是要通过多种感知的渠道,提高观察的效力。

贝弗里奇说:"培养那种以积极的探究态度观注事物的习惯,有助于观察力的发展。在研究工作中养成良好的观察习惯比拥有大量的学术知识更重要,这种说法并不过分。"一个人有了持久的观察习惯,他能克服观察过程中所遇到的各种障碍和困难,把观察进行到底。而观察力就正是在这种"锲而不舍"的过程中得到锻炼和提高。无论做什么事,只要能坚持下去,就会取得成功。习惯成自然,观察力贵在培养,更重要的是能养成长期观察的良好习惯。

观察应注意些什么呢?

忌漫无目的。许多人在观察事物时,东张西望,漫无目标,他们观察过的事物如过眼烟云,脑子里没有留下丝毫印象,因而总形不成观点。

忌片面观察。有的人观察事物,只注意它的正面,不注意它的反面;只观察表面,不观察内部;只注意现在,不注意过去;只去注意事物的一个方面而忽视其他方面。由于这种片面观察,他们所观察到的往往是一些假象,因而得出了错误的结论。中国古代兵书上有疑兵计和兵不厌诈的谋略,就是故意利用一些手段混淆敌人的视听,破坏他们的观察能力,引导他们做出错误的判断。比如《三国演义》中"张飞独断当阳桥"的故事。曹操看见张飞雄赳赳,横矛立马在桥头之上,又看见张飞身后的树林背后尘埃蔽日,似乎埋伏有大队人马。他又想起关羽曾经告诉他的话:"吾弟张翼德于万马军中取上将首级如探囊取物耳。"这时张飞连吼三声，声如巨雷，势如猛虎，曹操立即转身逃走，退兵30里。曹操这时犯的就是片面观察的错误。

忌无重点。有人虽然去观察事物却不带目的性。一古脑儿地观察，把所有现象都收留，囫囵吞枣，结果抓不住重点，浪费时间，观察结果不理想。

忌走马观花。有人观察事物，不深入、不细致，只是粗略地浏览一下。这样既得不到具体印象，又遗漏许多细节，使观察结果一般化。

忌不用心思。有人在观察中，不用心去分析、去比较，也不思考事物的来龙去脉，因而也得不到令人信服的结论。中学生因为兴趣广泛，性情活泼，最容易在观察中出现这样的错误，他们往往凭借一时的好奇心，不做更深入的探求。

忌半途而废。有人在观察中，遇到复杂和难于解决的问题时，便停止观察，结果常常功亏一篑。

此外，观察过程中还应忌情绪不稳定。有人在愉快时就有兴趣观察，不愉快时就心情烦躁，观察不下去，甚至在某种特殊情况下，由于心情紧张而根本无力进行观察。有人对智力较高的中学生进行调查和观察，发现他们一般都有较强的自控能力，情绪稳定，不忽冷忽热，在遇到困难时能坚持下去，不达目的，决不罢休。

实例：尼里斯·劳津是丹麦的一位医生。一天，屋里看书，看久了，眼睛有些疲倦，就走到窗前去"放松"一下。正巧，院子里有只猫躺在地上晒太阳。真有趣，太阳一分一秒地向西移动，那树影儿也跟着一点点朝东移动，眼看就要遮住猫的身体了，那猫立刻挪动一下身子，树阴每移动一步，猫也跟着挪动一步，始终不让树阴遮住自己。这是为什么呢？这会儿天气还不算太冷，难道猫就这么喜欢晒太阳？

劳津决定弄个明白。他索性走到院子里，蹲在猫的身边，仔细地观察起来。这一下他完全弄明白了：原来这只猫身上有个流脓的伤口。有好几天，它都爱躺在院子里晒太阳。不出几天，这伤口就全好了。

劳津是个医生，他立刻从猫想到了人。太阳光能促使猫的伤口尽早愈合，会不会也帮助人治疗伤病呢？

带着这个问题，劳津做了一系列的实验。后来他果然写出了《光对人体的生理作用》等研究论文，获得了世界科学的最高荣誉——诺贝尔奖。

猫晒太阳，这是一件多么平常的小事啊！换了别人，谁也不会当回事。唯独到了劳津医生的眼里，却成了一项重大的发现。因为他有一双特别的眼睛一份特别的好奇心，能够及时捕捉住这瞬间的秘密，并进而深入研究，从而摘取了诺贝尔奖。这就是出色的观察力，这就是非凡的观察力。只有具有非凡观察力的人，才能成就非凡的事业。

哥白尼站在一望无际的大海边，久久地凝视着海平线上出海归来的帆船：为什么总是最先看到那高高竖起的桅杆，而后才一点点看见船身？哦，这还不明白吗，地球是圆的！从而彻底颠覆了那本一直被奉为经典的《基督教宇宙地形学》中所说的谬论：地球是个“长方形的箱子”，“大地是它的箱底，天空是他的盖子”。

伽利略坐在肃静的比萨教堂里，抬头注视着随风摆动的屋顶吊灯：风大，摆动幅度大，风小，摆动幅度小，可为什么每次摆动的时间都一样？应用这一原理，不是就可以计算时间了吗？于是就有了带摆时钟的发明。

牛顿从对苹果落地的观察中引发对万有引力的思考，由弟弟妹妹的吹肥皂泡游戏感悟到太阳光的七色秘密……这就是出色的观察力。这就是非凡的观察力。

只有具有非凡观察力的人，才能成就非凡的事业。

欧阳修和吴正肃是好朋友。一天吴正肃去找欧阳修，看见他的屋子里有一幅画，吴正肃就说这画的是正午牡丹。欧阳修奇怪地问道："何以见得是'正午牡丹'呢"？

吴正肃回答说："画上的牡丹花花瓣分开、色泽浓艳而干燥，正是中午牡丹花的样子；花下猫的眼睛眯成一条缝，正是中午猫的形象；如果是清晨的牡丹，花瓣应该是收缩而潮湿的。"

欧阳修恍然大悟，对他的独到细致的观察十分佩服。

对待一切事物，有人看热闹，有人看门道。俗语说："外行看热闹，内行看门道"。从心理学角度讲，观察能力是一种直觉能力，这种思维能力也叫做："思维的知觉"。

观察的特征是同积极的思维相结合的过程。所以，真正优秀领导者，是善于全面观察和深入了解后，正确判断分析问题对待问题的。并非只听一面之词，而偏执地轻易下结论。

第二节　观察：看出你想看到的

相信看过《福尔摩斯探案全集》的朋友都知道这样一个场景：

在福尔摩斯第一次与华生见面时，立刻就辨别出华生是一名从阿富汗回来的军医。福尔摩斯为什么能够那么快就辨别出来面前的这个人就是一名军医呢？

是观察。敏锐的观察力决定了福尔摩斯能够立刻辨别出一个人的职业。

其实，从这个例子可以看出：福尔摩斯之所以能够很快地破这么多案子，都取决于他的敏锐的观察力。大家一直总说推理推理，大家都追求着推理，但是都忽略了推理的重要基础——观察力。

观察是一种有目的、有计划、比较持久的知觉活动。观察力是人们从事观察活动的能力。

世界著名的生理学家巴甫洛夫，在他的研究院门口的石碑上刻下了"观察、观察、再观察"的名句，以此米强调观察对于研究工作的重要性。达尔文曾经说过："我没有突出的理解力，也没有过人的机智，只是在觉察那些稍纵即逝的事物并对他们进行精细观察能力上，我可能是中上之人。"可见，观察力是十分重要的。

观察力的培养，首先是要接近大自然，培养浓厚的观察兴趣。当然，我们所说的观察，实施中和思考相伴随的。在美丽广阔的大自然中，有许许多多值得细心观察的事物。什么花在春天到来时最先开放？哪些动物在夏天时总在树上叫？秋天来临时白天时间变得短了还是长了？冬天下雪的时候冷还是雪融化的时候冷？等等。经常细心留意这些观察，养成爱观察、爱思考的习惯，会有助于你积累更多的经验，更好地认识世界。观察是科学探究的一种基本方法。科学观察可以直接用肉眼，也可以借助放大镜、显微镜等仪器，或利用照相机、录音机、摄像机等工具，有时还需要测量。科学观察不同于一般的观察，要有明确的目的；观察时要全面、细致和实事求是，并及时记录下来；对于需要较长时间的观察，要有计划，有耐心；观察时要积极思考，多问几个为什么。在观察的基础上，还需要同别人交流看法，进行讨论。

人们对于客观事物的认识，要反复多次，不能一次完成。一般来说，观察的完成需要经过3个步骤：

先是占有表象。即通过耳朵、眼睛、鼻子等感官直接感知、摄取各种表象，使众多的表象映入脑海，形成一个整体形象储存在记忆里。

接着是比较差异。不同类的事物总有不同的特点，同类事物，也有这样那样的变化。就是同一事物，也会有这样那样的差别。要反映这些差别和变化，就要比较物象。可以横向比较，即观察同类与不同类事物之间的细微差别。

最后是筛选要点。就是在比较表象的基础上，根据观察中对表象的认识与把握，选择最有典型意义、最有表现力的表象，细致、真实、准确地再现事物的形象。

观察的两个原则

1. 客观性

观察的客观性，核心就是从实际出发，真实地反映现实，决不能带着主观偏见，随意取舍，甚至歪曲现实。列宁在《辩证法的要素》中，把观察的客观性列为辩证法 16 条要素的第一条。他是写作观察中必须遵循和坚持的原则之一。

2. 辩证性

列宁在《卡尔·马克思》中写道："观察运动时又不仅要着眼于过去，而且要着眼于将来，并且不是按照指示看到缓慢的褶花的'进化论者'的庸俗简介进行观察，而是要辩证地进行观察。"列宁所说的"辩证地进行观察"，就是要求观察时要按照对立统一的规律，用联系的、发展的、全面的观点观察事物，避免用孤立的、静止的、片面的观点看问题。因为宇宙万物，都是相互联系的，相互依赖着，相互制约着，不断地运动、变化，从量变到质变，从产生到灭亡。所以，观察事物必须符合事物本来的辩证法，正确地认识客观事物。

采访中的观察是指记者对客观事物所进行的一种查看体验活动，简单讲就是用眼睛采访。

首先，事前观察。指记者对某一事物变动前所做的观察，一般都用于较大型活动，为同步观察作准备。

其次，同步观察。是指事物在变动的同时记者在现场实地进行观察，具有及时、全面、准确的特点。

再者，时后观察。是指事件发生后的观察，要考察其现场遗迹、环境反应。观察是人们有目的、有计划地利用感官去认识自然界中各现象的活动，它是人们获得经验知识的方法。

感觉使人们保持和外部世界的直接联系，使人们获得了关于外部世界的经验认识。观察就是通过人的感官而进行的直接认识外界的活动。它记录和报道事实，为自然科学的研究提供经验事实材科。观察具有感性认识活动的长处和短处。

观察并不是一种凭借人的感官而在自然界中进行盲目搜索的活动。观察作为自然科学研究所运用的一种基本方法，它总是要被自然科学研究中要解决的任务所制约。人们正是根据所要解决的科学研究任务，确定了观察的对象、观察的角度、观察的步骤，等等。这一特点，使观察区别于一般的感性认识活动。

在人们刚开始从事观察活动时，人们是凭借自身的感受器官直接进行的。人的感觉器官直接作用于观察对象，获取关于观察对象的各种信息。在观察者和观察对象之间，不存在任何中介物。它们保持着直接的联系。但是，人的感官的感知能力使观察受到生理上的局限。

首先，人的感官使观察的范围受到局限。人的感官是有一定阈值的。超出这个限度，对象所具有的某些属性就成为感官不能直接观察的东西。例如，人的耳朵只能听到 20~20000 赫兹频率范围内具有一定音响强度的声波。在此频率范围之外，或虽在此频率范围之内但音响强度不够的声波，人的耳朵就不能感知到。人的眼睛只能接受到 390~750 毫微米这样狭窄波长范围内的电磁波。在这范围之外的红外线、紫外线、X 射线、γ 射线、射电波等，就成为眼睛所不能直接观察的东西。

其次，人的感官也使观察的精确性受到局限。依靠人的感官只能对观察对象作出大概的估计，而不能作出精确的定量测定。例如，在炎夏之时，人们凭感官可以感觉到天气很热。但到底热到什么程度？气温达到多少度？这些都不是单凭感官所能观察出来的。

此外，人的感觉还使观察的速度受到局限。观察对象都是处于不断地运动变化的过程中。有的观察对象运动变化较快，有的观察对象运动变化较慢。人们通过感官对这些对象进行观察时，就需要感官也要有一定的观察速度。但是，感官的观察速度是有限的。例如，对于高速掠过眼前的物体的形状，人眼是分辨不清的。对于运动变化极其缓慢的物体，人的感官也是观察不出其运动变化的。

于是，人们为了克服由于感官而使观察受到的生理局限，就必须在观察者和观察对象之间，引进了一个中介物。这个中介物就是仪器。仪器作为人的感官的延长，使人们的观察向自然界的广度和深度延伸。仪器把人的感官不能直接观察的对象转化为可以观察的对象。距我们约有 100 亿光年遥远距离的星体，肉眼无无论如何是直接观察不到的。然而借助于仪器，人们就可以对其进行观测了。基本粒子的寿命极短，有的只有约 10 秒。对于人的感官米说，它们是不能直接观察的对象。但有了仪器，它们也就在人们的观察范围之中了。所以，从凭借感官直接进行观察发展到通过仪器作为中介而进行观察，这是观察方法的一次具不有根本意义的变革。1950 年代以后宇宙火箭的发射，载人宇宙飞船试验的成功，以及遥感技术等等的发展，使人们克服了由于人不能离开地面而对观察产生的限制，进入从空间进行观察的时代。这是观察方法中具有革命性的飞跃。从此，人们就在一定程度上克服了感官的生理局限，为人们无限地扩展可观察的范围提供了可能。

当然对于每一个具体的历史时代、每一个具体的人来说，人们所能观察到的对象与现象则是为一定的历史条件所决定了的。人们只能使用在当时的生产技术条件下所产生的仪器。因此，当我们说由于仪器的使用，使人们可观察的对象的范围无限扩大时，我们只是就其发展的总趋势来说的。从发展的总趋势看，人们的观察活动既不受感官的局限，也不受某一具体时代提供的仪器的局限。每一个后续的时代，都能比前一时代提供更先进的仪器，从而也就可以比前一时代观察到更多的东西。

当仪器介入到人们的观察活动中以后，就使原来的观察者和观察对象之间的两项关系，变成了观察者、观察仪器、观察对象之间的三项关系。观察者是作为认识主体而存在的，观察对象是作为认识客体而存在的，观察仪器是认识主体达到认识客体的中介物（手段）。

人们进行自然观察活动时，对观察的对象不加以人工的变革，而只是对它们在自然状态下所呈现的情况进行观察。这一特点，使自然观察区别于科学实验。在自然观察的范围内使用仪器，受到自然观察的特点的限制。这就是，无论采用何种仪器，观察者都不能改变观察对象的自然状态。这样，客体的许多属性就无法显示在这些仪器上，因而也就不能为人们所认识。这说明，自然观察，包括使用仪器的自然观察，已不能适应人们日益深刻的认识活动的需要。人们要多采用一些能够人工地变革和控制观察对象的仪器和工具，使仪器工具和观察对象之间的相互作用更强烈、更明显。这样，观察对象就有更多的属性可以显示在仪器工具上。人们就可以通过这些仪器工具而获得关于观察对象的更多的认识。但是，这样一来，自然观察就越出了自己的界限，而转化为另一种形式的观察——科学实验。自然观察的对象也就转化为实验的对象。就是人们根据科学研究的任务，利用专门的仪器对被研究对象进行积极的干预，人工地变革和控制被研究对象，以便在最有利的条件下对它们进行观察。科学实验和自然观察的显著区别就在于，在科学实验中人们要变革和控制被研究对象，而在自然观察中，则不是这样。因而，科学实验就是比自然观察更强有力的认识手段。科学实验可以把各种偶然的、次要的因素加以排除，使被观察对象的本来面目暴露得更加清楚，科学实验可以重复进行，多次再现被研究的对象，以便对其反复进行观察；科学实验可以有各种变换和组合，以便于分别考察被研究对象各方面的特性。在科学实验中，人们的主观能动性得到了更加充分的发挥。

比如，电子通过威尔逊云室，显示出一条白色的痕迹；这条显示出来的白色痕迹，显然是可观察的。然而，观察仪器上显示的白色痕迹，这能否说电子可被观察？回答是，人们只能观察到作用于感官并被直接感知到的某一对象所显示出来的性质，但永远观察不到某一对象自身的真实性质。罗素实际上就是持着这种看法。他在《哲学问题》中有如下一段论述："虽然我相信这张桌子'实在地'是清一色的，但是，反光的部分看起来却比其余部分明亮得多，而且由于反光的缘故，某些部分看来是白色的。我知道，假如我挪动身子的话，那末反光的部分便会不同，于是桌子外表颜色的分布也会有所改变"。"根据我们以上的发现，显然并没有一种颜色是突出地表现为桌子的颜色，或桌子任何一特殊部分的颜色——从不同的观点上去看，它便显出不同的颜色，而且也没有理由认为其中的某几种颜色比起别样颜色更实在是桌子的颜色。并且我们也知道即使都从某一点来看的话，由于人工照明的缘故，或者由于看的人色盲或者戴蓝色眼镜，颜色也还似乎是不同的，而在黑暗中，便全然没有颜色，尽管摸起来、敲起来，桌子并没有改变。所以，颜色便不是某种本来为桌子所固有的东西"。"所以为了避免偏好，我们就不得不否认桌子本身具有任何独特的颜色了"。

按罗素的观点，人们始终只能观察到某一对象在不同关系下所显示出来的性质，因为这种显示出来的性质是人们能直接感知到的。至于对象自身的实际性质，不仅是不可观察的，而且根本就是不存在的。可见，罗素是用某一对象在不同关系下显示出不同的性质，去否定某一对象自身的实际具有的性质。与此不同的另一种回答是，某一对象在不同关系下显示出来的性质和对象自身具有的实际性质确实有区别的。对象显示出来的性质是在一定关系中才出现的，而对象自身的实际性质则不是由于与别的对象发生一定关系才产生的。但是，观察对象自身的实际性质，却又是需要通过对象显示出来的性质来实现的。因此，对象显示出来的性质和对象自身实际性质的区分，不能成为我们区分可观察和不可观察的界限。

既然我们承认对象自身的实际性质是可观察的，然而直接呈现在人们感官面前的却只能是对象在一定关系下显示出来的性质，那么由此就必然地导致了一个极其尖锐的问题：我们如何才能判定，我们观察到的正是对象自身的实际性质而不仅仅是对象在特定条件下显示出来的性质呢？或者说，我们如何区别对象在不同条件下显示出来的性质的变化与对象自身的实际性质的变化？这个问题如不能解决，那么我们断定对象自身的实际性质是可以观察的，就不过是一句空话。我们认为，解决这一问题的途径，在于确立一种标准条件，并以同一标准条件下的观察结果为依据。譬如，当我们分别在红光、蓝光、绿光等等不同照明条件下观察同一件衣服时，我们所看到的是这件衣服在不同颜色光照作用下显示出来的不同颜色。当这件衣服在不同关系下显示出不同颜色时，我们确实没有根据说这件衣服的实际颜色起了变化。我们也没有理由只把某种光照下显示出来的颜色，当作这件衣服的实际颜色，而否认在其他光照下显示出来的颜色，也可以当作是这件衣服的实际颜色。其实，它们的地位是相等的，都是衣服的实际颜色在某种条件下的显示，只是条件不同而已。为了判定我们观察到的颜色变化是衣服在不同条件下显示颜色的变化还是衣服实际颜色的变化，我们通常是确定一种标准条件，例如我们可以日光的照明作为标准条件。我们把衣服放到这个标准条件下观察。如果我们发现，同一件衣服在同一标准条件下，其颜色发生了变化，那么我们就可以断定那是衣服实际颜色的变化。也就是说，不仅对象的显示性质是可观察的，而且对象的实际性质也是可观察的。这样，我们只要相对于某种特定的条件，也就在一定程度上解决了观察的合理性问题。

观察（包括实验）对于检验理论具有无比重要的作用。科学理论的检验是通过将理论推演出来的关于事实的结论和观察相对照的形式而进行的。一般地说，如果科学理论推演出来的事实结论与观察相符合，那么科学理论就得到确证。如果科学理论推演出来的事实结论与观察不符合，那么科学理论就面临疑难。

人们往往还谈到观察的发现作用。那么，观察的发现作用究竟是指什么呢？观察只能发现新的事实。观察并不能发现新的科学理论。从观察所发现的新事实，到新的科学理论的发现，这中间还要经历复杂的步骤。所以，当我们谈到观察的发现作用时，仅仅是指它发现新的事实。而这种新事实将检验已有的理论，也许支持已有的理论，也许要求建立新的理论给予解释。

研究者按照一定的计划，为实现一定的研究目标，对研究对象进行系统、全面的观察，从中收集各种现象资料，并进行分析研究的方法。它是一个既包括信息的输入，又包括对原始信息进行初步处理、识别的一个主动认知过程。这种方法首先在物理学、化学、天文学等自然科学领域广泛应用，但随着科学交叉的日益频繁，目前在心理学、经济学、社会学等领域也成为一种基本的学术研究方法。按观察过程中观察主体和观察客体之间是否存在仪器中介，可以把观察法分为直接观察和间接观察两种类型。

人们主要通过感觉器官来对研究对象进行直接的观察而获得相关信息的过程。古人用肉眼观察天体的位置和分布，中医诊断时所用的"四诊方法"都属于直接观察。它的优点是直接、生动、简单、经济，并且可以随时随地进行，避免其他中间环节引起的差错。它的不足也很明显：首先，观察的范围受到限制。这是由于人的感觉器官都有一定的阈值，超过阈值的范围，观察对象的某些属性就不能被直接感知。如人的眼睛只能感受390～750毫微米波长范围内的电磁波，超出这个范围就不能直接感知。其次，观察的精确性受到局限。如对距离的远近、物体的大小、速度的快慢、光线的明暗等现象的观察，单凭感官只能给出一个大致的定性的描述。再次，人的感觉器官常常会产生错觉。如对比错觉、光渗错觉、位移错觉、高低错觉、干扰错觉等，都会让人对研究对象产生一定的偏离。

人们借助仪器设备来对研究对象进行观察，间接地获得关于研究对象的相关信息，它使观察的范围在深度和广度上都发生了质的变化。首先，它放大了人对研究对象的感知范围，把人们无法直接感知的信息通过仪器设备转化为可以理解的信息。如通过显微镜、望远镜，研究者可以观察到小到单个分子、原子的形象，远到 1 亿光年以外的天体。其次，仪器设备可以帮助人们获得研究对象的定量信息，使观察更加客观、精确。如中医临床上脉象仪、舌象仪的应用，就克服了医生在观察中感官和主观因素的干扰。但是，这种方法也具有一定的局限：其一，仪器设备的制作受到当时科学技术和工艺水平的限制，其功能只是比人的感官的某些方面有所改进，但不可能完美无缺。其二，仪器设备的制作和使用需要大量的投入，其成本很高。其三，仪器设备的使用需要一定的知识和技术水平支撑，不是所有的人都可以使用的。其四，仪器设备由于种种原因，在使用过程中会有误差存在，这样会降低观察结果的精确性。

应制订观察的计划，尽量形成文字计划，科学研究中运用观察法不同于人们日常的观察活动，它是科学研究活动中的一个重要环节。研究者总是要按照一定的计划带有特定目的来展开观察活动的。为了科学地进行观察，一定要制订观察计划，以文字的方式记录下来，这样可以使整个观察活动有序进行，有利于研究人员明确观察的目标，掌握观察的进度。文字材料的形成，既可以如实地记录研究活动的内容，也为以后类似活动的展开提供一个参考。

应持客观公正的立场，不能凭个人好恶左右。科学观察的目的是要获得科学事实，客观地描述研究对象的信息，所以一定要坚持客观性原则。在观察过程中，不要戴上"有色眼镜"，以研究者的经验来对待研究对象。这样会导致只能看到自己想看到的东西，而对不需要的现象无动于衷。著名人类学家赫胥黎说："我要做的是使我的愿望符合事实，而不是试图让事实与我的愿望调和，你们要像一个小学生那样坐在事实面前，准备放弃一切先人之见，恭恭敬敬地朝着大自然指的路走，否则会一事无成。"另外，要注意克服由于人的感觉器官或仪器设备的局限而产生的一些假象、错觉和干扰，尽量客观地观察研究对象。应看到事物的各个方面，不能片面和简单化。由于研究对象本质的外部表现是多种多样的，研究者必须从多个角度来把握对象的各种属性及其相互联系，进而获得关于研究对象的完整信息。"盲人摸象"的寓言是众所周知的，何况学术研究的对象比大象更加复杂，因此一定要全面、深入。迈克尔逊和莫雷为了观察到干涉条纹，一方面把实验装置设计得非常精确，另一方面作系统全面的观察。他们每天中午和下午 6 时各做一次实验，每次取 16 个不同方位来观察；另外还选不同的地点进行观察，在同一地点每隔 3 个月再观察一次。正是由于全面的观察，才使人们接受了本来很难接受的结论。科技史上关于岩石成因的"水成说"和"火成说"，关于光的"微粒说"和"波动说"，都是由于观察的不全面和不系统而造成的片面观点。应认真细致，不能浅尝辄止。观察只能是直接发现对象的现象，而不能涉及所有的研究对象；只能观察到具体事物的性质和特点，而无法观察到事物普遍的共性，因此观察过程要认真细致。不论观察时间的长短、研究对象的大小，都要认真细致地做好每一个环节，不能浅尝辄止。达尔文五年如一日的认真观察，使他拥有了大量的素材，完成了《物种起源》；哥白尼持续几十年的天文观测，写出了《天体运行论》；孟德尔通过 9 年的豌豆杂交研究，提出了遗传定律。这些科学家正是由于其认真细致的观察，才在各自的领域内获得了重大发现。应随时记录，尽量详细。观察过程中会发现大量的现象，要随时记录，而且尽量详细。只有详细地记录，才能全面地显示研究对象的全面属性，才能让研究人员充分占有各种资料，从而保持信息的客观和精确。我国著名气象学家竺可桢在 20 世纪 70 年代初发表了《中国的近五千年气候变迁的初步研究》，其中既有古籍中的史料，更有他长期观察气候、物候变化的相关数据。正是由于大量、详尽的数据，才使他的研究成果有很强的说服力，赢得了科学界的广泛认同。

如何观察一个人？观察力的敏锐程度决定了从一个人身上得到的信息的多寡。也就是说，只有敏锐的的观察力才能尽可能多地将一个初次见面的人的信息更好地把握住。观察是很重要的要观察一个人，就要把握住这样一个顺序：从下至上也就是说首先，从他的鞋子开始观察。可能大家会问：为什么不先从他的脸开始观察呢？其实，如果一开始就观察了一个人的脸，那就会主观地对这个人进行评价，而因此影响或忽略了很多关于此人重要的信息。而从脚开始观察可以很好地避免这种情况。

观察他的鞋子，鞋子如果很脏，并且近来没下雨，那说明这个人对于生活卫生方面什么的并不在意，同时也可以推测这个人对于生活方面并不严谨，也可以进行这样一种假设：可能他的性格就是这样的。然后观察他的裤子，其次是衣服，如果有褶皱或是污点，那就可以证明上面的部分论断是正确的。在观察了裤子与衣服之后，就可以观察这个人的体格，如手臂肌肉的粗壮程度。在这些资料都搜集齐以后，那就可以观察这个人的脸了。最后你就可以综合这些对一个人进行一个大概的评价了。

辨别出一个人的职业的方法：比如民工的共同特点就是体格普遍比较健壮、皮肤黝黑、不太在意衣服等等一系列的细节。如果你在街上看见了这样的人，你一定能够马上看出来他是民工。再如一个经常使用计算机的人，那么他的右手手掌根部就会有老茧，因为他时常使用鼠标；如果是在银行工作的人，那在他手的大拇指与食指之间的老茧比较厚；如果是司机，那么在他手上，经常握方向盘的部分的老茧特别厚的；如果是打针的护士，那么在他的大拇指、食指、中指部分有老茧，因为护士打针时需要用三根手指来拿的。这是一般的打针护士的习惯；如果是一个军人，他的体格一定比较健壮、皮肤较黝黑、吃饭速度快、腰板挺直、脾气倔强甚至死板，整个人散发出一种特殊的气质，这种气质只有通过对军人的观察才能慢慢掌握，不通过观察是很难掌握这种特殊的气质的。

其实观察力对于破案同样重要。很多蛛丝马迹就是破案的关键线索。大家要认清楚这样一个概念：推理虽然重要，但是它没有敏锐的观察力来支撑，那一样是英雄无用武之地。即使你找到了看到了关键性的线索，你也有可能把它忽略掉。请大家记住：观察力与推理同样重要。

现实生活中也是这样。生活展现给我们一样的画面，不同的人却看到了不一样的景物。所以说，在观察中，我们看到的都是我们想看到的。有人说：登上同一座山峰，画家与生物学家一定会看出不同的东西。这告诉我们，为了有效地观察客观世界，我们首先需要丰富我们的有关知识和素养，培养我们有关的兴趣和爱好，明确我们有关的目标和理想。也就是说，要想有所发现，先要有一个有准备的头脑，你才会看到你想看到的东西。更重要的是，我们从生活中看到阴云还是阳光，看到黑暗还是光明，看到苦难还是幸福，也全在于我们的心想看到什么。我们需要的是，营造一个善于看到美好事物的心境。

第三节　开发观察力的心理策略

观察是有目的、有计划、比较持久的知觉。这是人对客观事物感性认识的一种主动表现，是有意知觉的高级形式。敏锐的洞察力是事业成功的起点，加上对事业的高度热情，你的成功就有了保证。世界上没有万无一失的成功之路，任何事情都带有很大的随机性，各种事物往往变幻莫测，难以捉摸，所以，就必须有发现机会的眼光——观察力。敏锐的观察力是创造思维的起步器。可以说，没有观察就没有发现，不能分辨机会或者危机，便不会有创造。

故事一：

年轻的比利·肖尔从小就喜欢摆弄皮革，他为自家农场的马制作马具，为自己的12个兄弟姐妹做鞋并补鞋。16岁时，肖尔在当地一个补鞋店那里做了学徒，一年后他来到芝加哥补鞋卖鞋。肖尔在那里见识了种种脚疾：鸡眼、扁平足等等。肖尔因此下定决心要做一名"济世脚医"，于是他进入了伊利诺斯医学院学习。到1904年毕业时，他获得了一项发明专利——足撑。

肖尔自己开起了店，同时开始为别的鞋店生产足撑。为了推销产品，肖尔亲自到各个鞋店去，从包里取出人脚模型后，便跟店主大谈脚疾问题，结果往往能得到一份订单。60多年来，肖尔以敏锐的市场洞察力，激情高涨地推广自己的产品。他建立了种种信息渠道，让店员与受聘顾问往返奔波于全国各地进行演讲，介绍护足产品。他对护足工作的贡献，使他的名字家喻户晓。

从肖尔的故事我们可以知道，敏锐的洞察力是事业成功的起点，加上对事业的高度热情，你的成功就有了保证。有了这种眼力，如果能付诸行动并坚持不懈，再小的事情也可以做大。很多事物的本质都是不为人见的，这样就要求人们必须有敏锐的观察力，用自己的见识和判断力去看清本质，而不被表象所迷惑。只要你养成敏锐的观察力，用心观察生活，就能发现不为人知的良机，生活也会给你丰厚的回报。

故事二：

有一天，卓别林在街上碰到一个流浪汉。"噢，这倒是一个挺有意思的人，和他聊聊，说不定会听到一些有趣的故事呢。"卓别林心里想着，就把他请到一个饭店，要了好酒好菜，流浪汉毫不客气地吃了个痛快。酒足饭饱之后，流浪汉便滔滔不绝地讲起了自己的流浪生活，漫游美丽的山村，搭便车赶远路，在上等客车里被抓住，等等。卓别林认真地听着，他一边仔细地观察他的表情，模仿他的动作和姿势，一边研究他的性格和心理。分手时，卓别林向他深深地道了谢。流浪汉惊讶地说："先生，怎么能谢我呢？应该我谢你呀……"流浪汉的话还没有说完，卓别林就说道："还是应该感谢你，因为你的讲述已使我构思出一部新影片。"

创造来自于对生活的观察和向他人的学习。卓别林能在银幕上创造出那么鲜活独特的艺术形象，确是得益于这种敏锐的观察力。当然，在实际生活中，我们不可能做到事事都能看清本质、做出准确判断，毕竟良好的观察力和判断力需要时间和经验阅历的积累。我们现在能做到的是：多增长自己的见识，凡事多思考，保持怀疑态度，多问几个为什么！

观察是人们认识世界、增长知识的主要手段。它在人的一切实践活动中，具有重大的作用。人们通过观察，获得大量的感性材料，获得对事物具体而鲜明的印象。达尔文曾对自己做过如下的评价："我没有突出的理解力，也没有过人的机智，只是在觉察那些稍纵即逝的事物并对其进行精细观察的能力上，我可能在众人之上。"达尔文一生都坚持采集生物标本。有一次，当他剥开树皮发现两只罕见的大甲虫时，立刻一手一只把这两只大甲虫抓住。但他突然又发现了第三只更为奇异的大甲虫，为了不让它逃走，竟把一只甲虫塞进嘴巴，腾出手去抓第三只。没想到塞进嘴里的甲虫排出了一种辛辣的液体，烧痛了他的舌头。后来，达尔文在回忆这段生活时说："那是无用的玩意吗？不，那是我学到的最有用的知识，它使我走进了科学的大门。"

我们对客观世界的认识是从感觉和知觉开始的。心理学告诉我们，感觉反映的是外在事物的个别特点，如颜色、声音、气味、味道、硬度等；知觉反映的是外在事物的整体和事物之间的关系，如形状、大小、远近等。在实际生活中，感觉和知觉是很难分开的，如颜色总是某种物体的颜色，声音总是某种东西发出的声音等等，所以把二者合称为感知。感知是认识的基础。没有感知，就没有认识。

观察与随便看看、随便听听不同。例如看文娱节目，内行总是带着观察的眼光看待一切，而外行则带着欣赏、了解故事情节或消遣的眼光去看，因此，结果不一样。心理学家根据人在知觉事物时有无预定目的，分为有意知觉和无意知觉。无意知觉是事先没有预定目的、任务，也不需要意志努力的知觉。或者是由外界现象的特点引起的，或者为人的兴趣所指引。例如，当你漫步公园时，无意中可以看见绿树成荫，湖水荡漾，可以听到鸟儿的喳喳声……这些都是无意知觉。有意知觉是按预先定好的目的、任务，并需要一定意志努力的知觉。例如听报告、参观博物馆、分析设计图纸等等。

观察必须先有一定的目的性，有选择地去知觉某种事物。观察总与积极的思维活动相联系。比如，对事物进行比较，以便了解它们的特征和本质。无目的性和有目的性、无计划性与有计划性，结果都有很大的不同。例如在国外一次大型讨论会上，突然有两个人冲了进来，前面的在逃，后面的持枪追逐，绕会场半圈，突然听到一声枪响，两人都冲了出去。这个事故经过前后共20秒。随后，会议主席要求与会者将目击经过写出来。结果交出的40篇报告中，除一篇在主要事实经过的描述上错误率少于20%以外，其余错误率都在20%以上，甚至有25篇的错误率达到40%以上，其中半数以上的报告有10%或更多的细节是臆造的。这是事先准备好的一次观察力的测试。

观察能力的强弱决定着一个人智力发展的水平。因为观察力是智力活动的基础。观察力是在感知过程中并以感知为基础而形成的。脱离了感知就无所谓观察力。一个五官失灵、七窍不通的人，还有什么观察力可言呢？生活中常有视而不见、听而不闻、心不在焉、口不知味的情形发生，这是指感觉器官暂时失去了作用。观察力具体地讲，就是指一个人有计划地去看、去听、去闻、去尝、去思考。

观察力说到底，就是对一件事物的留心程度，对你身边的每一个人或者事都要细心的去看，去思考，无论它是多么的常见与平凡，重在区分它们之间的异同点，不仅是观察新的事物。提高观察能力的首要，还是要从我们身边做起。在看一个事物时，除了仔细的去看之外，还要从多个角度去思考，为什么这个事物是这么回事，它有优先于普通同样的事物的地方在哪，不要忽视任何一件小事，往往小事的背后隐藏着很大的秘密，如果我们不仔细地观察，也许就将这个秘密永远地隐藏了。提高观察力的方式有很多，比如，秋天的一棵树，你可以观察它落下的树叶的数量，以及树叶的大小，颜色，还有是新叶先掉，还是黄叶先掉，是叶面向下的数量多，还是叶面向上的数量多，每天都去观察。观察，是需要坚持的，需要长期地做。更需要观察的时候，尽力地去思考。

要在生活实践中养成观察习惯，随时留心观察身边事物。要养成实事求是、从实际出发的作风。要学会认定目标，自觉、持久地进行观察。如果漫无目的，必然漫不经心。知识准备充足，有效的观察，必须具备关于观察对象的预备知识，知识准备越充足，对观察对象的理解就越深透。学会观察方法。采用科学方法来进行观察，通过锻炼会增强观察力，提高观察效率。这些方法有：顺序观察法、比较观察法、隐蔽观察法等。提高观察力的根本途径是增强自己的求知欲，事业心和责任心的观察力虽然受先天生理、心理因素的影响与制约，但主要是在后天实践中形成和发展起来的。因此观察力是可以培养和训练的。这可以从如下几个方面入手：一是确立观察的目标，提高观察责任心。人的行为是有目的的，只有带着目的和任务进行观察，提高责任心，才会对自己的观察力提出较高的要求，从而提高观察力。二是明确观察对象，制订观察计划。这样就可以将观察力指向与集中到要观察的对象上，并按部就班，从容观察，从而有助于提高观察力。三是观察时要全神贯注，聚精会神。注意性是观察力的重要品格之一。只有提高注意性，对观察对象全神贯注，才能做到观察全面具体，才能收集到对象活动的细节。四是培养浓厚的兴趣和好奇心。兴趣和好奇心是提高观察力的重要条件。一个人具有好奇心，对其观察的对象有浓厚的兴趣，他就会坚持长期持久的观察而不感到厌倦，从而提高观察力。五是要有丰富的知识和经验储备。只有这样才能在观察中善于捕捉机遇。科学家巴斯德说过，"在观察的领域里，机遇只偏爱那种有准备的头脑。"掌握良好的观察方法。如要坚持观察的客观性，要注意被观察对象的典型性等等。

　　观察力的训练因为没有模式，没有一定的努力方式，只有自己去尝试，从而检讨（当下或事后）修正，一定要以无所得的心态去试验。事实上，日常生活当中我们不断地在运用观察力，只是自己并不觉察，可以试着观察或检讨自己看电视或看电影的方式，绝对不是整个画面从头到尾都注意到，而是随兴地从头看到尾，有时注意男女主角或配角的演技、穿着、发型，有时注意布景、风景、音乐，所得到的只是支离破碎的印象，我们从欣赏影片所得到的片段印象，而得到一些感受式的结论，其实并不能代表真正的内容，因为我们的观察力确实很差，所以才为有每一次欣赏但结论不一样，因为一次比一次更清楚，不过看多了会疲惫，反而散漫。这就是我们捉摸不定的"心"。一般人也会由于工作需求或兴趣，而发展特别的观察力（洞察力），如音乐家的听觉音感会特别敏锐：文学家在诗、词、文章的表达修辞很流畅；画家可以将所画的人、物、风景用素描、水彩图画、油画方式准确地表达。事实上，观察力可以不由朝外的训练达到，可以由观察自己达到，没有模式，也就是禅宗所说的"不立一切见"。因为任何的"见"都是绊脚石，也都有极限，只有"空"才是最高、最真实的"见"。但如何达到是非常困难的，所以有人说禅宗是"无门关"，这个门就是自己。透过对自我的观察，也就是对身、口、意的观察，客观不执著，无所得的观察，你就是观察者，也就是被观察者。观察"身"，也就是行为，因为速度较慢比较容易：观察"口"，速度稍微快一点，就比较困难，常常说了不该说的话，说完才后悔；观察"意"，因为心念比闪电的速度还快，就更困难了，简直无从观察起。以吃饭为例，一般人吃饭时不是看报纸、电视，就是想别的事，充分"利用"时间，或"陶醉"在吃的幻象里，没有"平常心"地吃。事实上，由看电视或看电影的经验，观察自己吃饭也就像看电视画面一样跳来跳去。我们可以不必锁定要观察自己的行为、或言语、或心念，只是观察。如吃饭时，吃到饭里有石子，一般人一定是内心不满或咒骂。其实最直接了当的方式是吐出来，内心的不满或咒骂，只会浪费时间，还会影响吃饭的心情，吃到坏东西，不必透过思考就知道，而内心的不满或咒骂只是一种惯性，要中止这类无意义的浪费时间、心力，透过观察力是比较好的方式。只要去练习，记得的时候尽量做，忘了就算了，但最好是经常记得。事实上，观察力可以广泛地运用在世间法及出世间法，只有透过对自己观察，才能扩展自己的观察力，客观的看清自己的盲点，从而慢慢改进；其他如人际关系、工作能力、阅读能力……也会跟着改善。一般人情绪的困扰如莫名其妙的快乐、生气、悲伤，只因为一些念头生起，产生了这些情绪，排斥它是排斥自己，喜欢它是执著自己，沉溺于这种心境是浪费时间。客观地观察自己，才会慢慢认识自己的盲点。当看清楚自己盲点时不要排斥，才有可能改进。

做个生活的有心人，不论遇到什么事情，都能从多个角度去观察，多个角度去思考。观察力说到底其实是思考力。只要提高思考力，那么观察力便会提高。主要方法是多读有深度的作品，同时边读边思考。其次，对平常看到的任何感兴趣的东西多想想，思考思考它存在的价值与意义以及产生的各种影响。再次，将自己所学所思写出来。总之，提高观察力并非短期能达到目标的，最重要的是在生活中做一个有心人，提升自己强大的内心世界，不急不躁，慢慢地，循序渐进，只要心诚，万事可成也。

第三章　记忆力

第一节　记忆力与成功

记忆是指人的大脑对经验过的事物进行贮存和再现的能力，通俗地说，就是把某一事物记住，在未来某个时候需要的时候就可以把它轻松地从大脑中调出来。

好多伟大人物的记忆力非常好。他们讲话引经据典，出口成章，很多时候，讲出来的话都是书面语言。实际上，这表明他们的记忆力、说话的逻辑能力都非常强。

著名的桥梁专家茅以升小时候看爷爷抄古文《东都赋》，当爷爷抄完后，他就能够背出全文了。茅以升的记忆力非常好，在晚年的时候，他还可以背出圆周率小数点后面百位精确的数字。

前苏联著名教育家苏霍姆林斯基说："小学生记忆力的强弱在很大程度上、也可说在决定性程度上，取决于孩子在早期童年时代进入到意识中的语言的鲜明度和情感色彩程度。孩子接受这些印象的同时也就锻炼了记忆力。"运用鲜明的语言和富有情感色彩的表述来引发孩子记忆的兴趣。训练孩子的记忆力是家长的责任。

世界记忆力冠军佐治是吉尼斯世界纪录的创造者，他的记忆力品质非常高。佐治之所以具备这种超强记忆力品质是因为一堂课。当时，佐治发现自己老是记不住老师在课堂上讲的内容。于是，他就去图书馆借阅了大量指导帮助提高记忆力的书，并从中总结出了很多记忆规律后再通过实际训练，然后才形成了如此非凡的记忆力品质。他于 1989 年打破了吉尼斯纪录。事后，他这样说道："我记了 30 副牌共 1560 张。那些牌在证人面前洗了 2 个小时。我用 20 小时看了那些牌并记住次序。我可以记错 8 张，但我只记错了 2 张。我用了两个小时 43 分钟讲了 1560 张牌的点数。于是，我创造了吉尼斯纪录。"

据统计：100 位科学家中，只有 1 位记忆力较差；100 位演说家中，只有 3 位记忆力较差；100 位成功商人中，只有 4 位记忆力较差；而 100 位普通职员中，却有 79 位记忆力较差。由此推断：良好的记忆力是成功的关键。

一、记忆是人类智慧的源泉

自古以来，惊人的记忆力是取得成功和获得幸福的重要因素之一。当代的教育学家爱斯鸠鲁曾经说过："记忆是智慧之源。"

有谁想过吗，如果没有了记忆力，我们的生活将变成什么样子！不可否认，那样世界将陷入一片混乱。每个人都不再留恋自己的亲人，刚刚结交的朋友转眼就变成了陌生人，没有了学习和工作的能力，人类的文明将停滞不前。很可怕吧？还好上天在我们出生的时候就赐予了每个人智慧之源——记忆，并且让我们可以通过自己的锻炼来增强它。那么记忆到底是什么呢？

简而言之,记忆是人们对经验的识记、保持和应用的过程。从信息论和和控制论的观点来看,它是人脑对信息的选择、编码、储存和提取的过程。就记忆的本质而言,记忆是人脑对经历过的事物的反映。这种反映是通过识记、保持、再现或再认等方式进行的。这种反映是一个复杂的心理过程,通过这种心理过程可以在人们的头脑中不断地积累和保持个体经验。

由此可以看出,记忆对于人类生存和发展确实具有决定意义。没有对过去知识、经验的积累,我们今天的任何举止都将是盲目的、浑浑噩噩的,失去了任何自觉能动性的。不要说向后代传授知识,就连生活也难自理。即使活下来,也没有任何情感,这种生命的存在也就失去了意义。

人之所以能够建立文明是因为能思维,这也是人与其他动物的区别。由于思维的作用,我们可以把过去的经验以某种潜在形式原封不动地积存下来,又能根据需要在意识中再现。这种使过去经验再现的能力就是记忆。因此,可以说记忆是思维必不可少的基本功能。无论读多少书,如果就像狗熊掰棒子一样边读边忘,那也只意味着时间的浪费。可见,记忆对于一切学问都是非常重要的。因此,说记忆是人类智慧的源泉毫不为过。

二、记忆力对人生发展有着重要影响

古今中外,很多成功的人都具有某一方面超常的记忆力,他们把这种非凡记忆力看作是个人的一种财富以及事业成功的保障。

有一位投资大王曾经说过这么一句话:"记忆好,并不一定会让你成功；但记忆不好，甚至是个湖涂虫，一定不会成功，而且失败得很难看。"在我们生活中，也有人常常会因为"忘记了"而导致失败，感到苦恼。其实记忆力跟其他智力活动一样，都可以经过后天的积极训练得到提高。

在古代的部族里，酋长和祈祷师拥有很高的权力和智慧。因为他们运用自己超强的记忆力详细地记住了祖先的遗训，才获得了整个部族的尊敬。祖先遗留下来的智慧和经验使得他们在碰到各种灾难的时候，能够告知全体部族的人们采取适当的方法加以处置，以保护整个部族的人不受伤害。

贾逵谙诵五经的事实传为美谈后，有许多人不远千里而来拜他为师，甚至有人背着儿子来求学的，也有人在他家附近租房子住。当时学生赠给他的礼物，堆满他家的屋子。而贾逵都是用嘴巴来传授他们，因此，后人称他的教学方式为"舌耕"。

自古以来，有超群的记忆力的名家应该是很多的。美国的约翰·D·洛克菲勒、安德烈·卡奈基、亚伯拉罕·林肯，英国的温斯顿·丘吉尔，哲学家米尔，日本的实业家五岛庆太、小林一三等等，据说他们的记忆力都很过人。然而他们之所能记忆超群，主要也是暗中训练的结果。何况我们是些普通人，更应作出许多的努力才行。

三、记忆的好坏是事业成败的关键

美国的记忆研究学家瑞尔巴克曾说："一个人如果从同一起点出发而领先于人，进而到达事业的最高峰主要取决于我们记忆力的好坏"。

瑞尔巴克这句话的意思其实很简单，比如说一个商人，记忆的作用非常明显：首先，必须尽快记住各家批发商及常用顾客的名字及其有关情况；其次，应尽快记住每一种商品的购进与卖出价格；再者，他还应尽快记住各种数据、资料及其市场行情。因此我们完全可以这样说：记忆就是金钱！

商业活动中，因记忆力差而给业主带来尴尬及巨大损失的事例也是屡见不鲜的。王先生从商已有数载，却一直打不开局面。主要原因就是他的记忆力不好。由于自己苦于记不住各种数据资料，在能够展露自己才能的公开场所都有点怯场，所以，每次订销会上，他都必须派秘书出面。后来，在朋友的建议下，他参阅了许多关于记忆技巧方面的书籍，并在朋友的指导下反复进行实践，后来竟能在一些大的商会上主持大局了；生意额从此直线上升，比过去增长了数十倍。

四、记忆的好坏是学业优劣的基础

记忆力的好坏对于学生的考试成绩的提高起到了关键的作用。下面这个例子就是一个典型的例子：河南省的一所中学高三某班的两个学生，他俩的基础不分上下，也可以说是基本上一样，平时两个人都非常用功，而唯一不同的是一个记忆力好，一个记忆力坏，进而最终导致记忆力好的那个学生最后考上了清华大学，而那个记忆力不太好的学生只考了一个普通的二本学校。可见，对于一个学生来说，记忆的好坏成了学业优劣的基础，同时也决定着自己的命运。

无论学习考试，都要讲究记忆方法。常见的加深记忆的办法是重复，所谓"重复是记忆之母"即这个道理。然而一遍遍地重复，一遍遍地遗忘，就使得原本有趣的学习变得痛苦，变得不堪忍受。如果记忆的东西能终生受用，那还不算太坏，如果记忆的东西只为考试而用，考后就不会再使用而很快遗忘，那就比较难受了。就如《范进中举》中的范进被科举考试折磨了40多年，浪费了自己的青春年华。

改变这种无休止的遗忘率极高的复习过程，就要改变层层加码式的直接理解直接记、开书合书反复作业反复记忆的不良循环；要使记忆变得分外有效率，优良的记忆方法的学习与掌握是所有考生最为迫切需要的。传授给学生这样的好方法，就如同给予一个长途跋涉、步履疲乏的施行者一辆性能极好的代步工具。它对接受者来说，在将来高校学习乃至整个人生的奋斗过程都将有很大的帮助。

五、记忆是语言能力的保证

当代的心理学家詹姆斯·麦康内曾经说过："语言是人类社会进行知识传播、情感交流以及文明延续的重要工具。"可见，语言能力的表达主要靠大脑对原有的大脑仓库中存储信息的整理、加工和再现。而大脑仓库中信息量的多少又取决于记忆量的多少，进而使记忆成为语言能力的保证。

我们每天都要参加辩论或谈判。可能是在谈判桌上，也可能是在饭桌上，还可能是在茶余饭后休息之时。

无论它发生在哪里，无论它发生在何时，也无论它发生的原因和涉及的内容是什么，请记住它都是某个意义上的竞争，都是一天中决定成功与失败的重要时刻。

那么，如何才能在竞争中获得成功呢？

当然，首要的就要靠你的记忆力了。你的记忆力是帮助你赢得竞争的利器。

应付可能出现的紧急情况，其基本前提就是：用事实把自己很好地武装起来。

没有事实作为基础，你是不能要求得到什么好的结果的。

当你要参加辩论或谈判时，不论它们是什么形式的辩论或谈判，你都必须掌握大量的、丰富的材料来充实你的论点。

如果你尚未掌握有关知识，就应去搜集和学习。要尽量广泛阅读有关书籍，并认真地吸收、消化。

如果你对所涉及的内容较为熟悉，那就通过复习来加深记忆。

所有这一切都需要我们的记忆力的密切配合。

六、如何增强记忆力

记忆是从识记开始的。识记的效果如何，保持怎样，主要表现在再认识和回忆上。识记、保持、再认和回忆是记忆的基本过程。

要增强记忆力，首先要明确记忆的目的。只有这样才能将注意集中于所识记的东西上，记忆的效果才能好；另外，目的确立应长久，"长久记住"的任务能引起更为复杂的智力活动，从而获得更为持久的效果。

其次要理解记忆的内容。对记忆内容的理解，就是使它们彼此之间建立某种意义联系，这是达到好的记忆力标准——快、准、牢的重要条件。

再次是将记忆的对象转化为活动的对象，运用多种感官积极主动地参与活动，从面较全面、深刻地认识和识记它们。这些都是实践证明行之有效的，也是大家熟知的。在此不作赘述。仅就记忆条件和记忆方法方面谈谈增强记忆的几个要点。

把记忆作为自己的一种需求

假如有人问你："从进入宿舍楼到你的宿舍，你要走过多少级台阶？""从食堂到教室的路上有多少棵树？"我想这虽是大家整日出入的地方，却也是多数同学回答不出的问题，因为在生活当中谁也没有这种需求、也没有必要去了解"多少级台阶"与"多少棵树"。但假如在维修宿舍中搞绿化时，需要大家知道有"多少级台阶"和有"多少棵树"，那大家很容易就记住了。

在学习上也是如此，假如某人向你推荐一篇文章，说它将对学习某种专业或课程有很大的指导意义。如果你也有同样感觉的话，那么就会轻而易举地记忆文章的要点，并在今后的学习中得以应用。如果你抱着无所谓或反感的态度，那么尽管你看完了这篇文章，也会觉得味同嚼蜡，不知所云。

"需要是最好的老师"。在记忆中需要也是记忆的最好老师。它能指导大脑各方有效地活动，达到记与忆的目的。

要有"我能记住"的信心

大家看过《死亡的陷阱》吧？那里面的辛尼亚故意将吉尔的东西藏起来，或干脆说谎，使吉尔一直处于丢三落四中，尽管吉尔以前记性很好，但经过辛尼亚的多次暗示，终于对自己失去了信心，从而导致了两个孩子的失踪。然而当吉尔发现自己上了辛尼亚的当时，愤怒之极，"健忘"的枷锁被砸碎了，她开始自信，并恢复了记忆，断定孩子的失踪与辛尼亚有关，使故事在此发生了转机。这是暗示的一个典型事例。

所谓暗示，是用含蓄、间接的方法对人的心理状态产生迅速影响的过程。如果备考时面对书本发问，"这么多，我能记住吗？"这种暗示将抑制脑细胞的活动，干扰记忆活动的正常进行，结果就真的记不住了。假如备考时你听到别人这样说，自己却想，"我平时注意听讲，多数内容已经掌握，复习中我都能记住。"这种暗示将会消除抑制信息储存或提取的因素，从而提高记忆效果。

说到这里，大家可能已经悟出运用暗示促进记忆的诀窍了吧？

寻找适合自己的记忆方法

记忆方法多种多样，但没有一种是绝对有效的，关键是选择一种适合于自己的、得心应手的方法，符合自己的记忆规律。有人习惯早起记忆，有人习惯夜里读书；有人喜欢默读；有人喜欢边听边记，还有人喜欢互问互答……在学习中应尽早找出适合自己的记忆方法并发挥它的特长，这是增强记忆的一条捷径。

德国着名心理学家艾宾浩斯对记忆做了系统研究，首创了记忆的实验研究。他得出了这样一条遗忘规律：遗忘的进程是不平衡的，在识记后最初遗忘得比较快，而以后逐渐缓慢。

虽然这条规律是通过识记无意义音节得出的，但我们可以用类似的方法，绘出自己的遗忘曲线，了解自己的记忆规律，以便按规律办事，取得最佳效果。

下面向朋友们推荐某研究生利用遗忘曲线记外语单词的

方法：

先找 100 个生词开始记忆，一旦记住马上停止记忆，定时检查忘掉多少单词，这样实验几次就能够绘出自己的遗忘曲线了。然后根据遗忘曲线"先快后慢"的特点，在还未来得及忘掉时及时复习一次，起到强化记忆的效果。以后在每天学习新单词时复习一遍记过的单词，直至熟练为止。坚持此法学习一个月，就会熟练记忆 2000 个单词。要提醒同学们的是：你们正值学习时代，要学习的知识很多，可能没有这么多的时间和精力用来记单词，所以，要量力而行，可以每天记 30 或 50 个。学外语的人都知道"不怕每天记的少，就怕不能坚持好"的道理。只要朋友们能坚持下去，成绩一定是可喜的。

持情绪稳定，消除身心疲劳

同学们曾有这样的体验吧？向微波荡漾的湖面投进一块石头，激起的波纹很快就消失；但向水平如镜的湖面投入一块石头，激起的波纹却久久不会消失。记忆也是这个道理。大脑皮层好似湖面，记忆内容便是投入其中的石头，如果此时情绪稳定大脑皮层活动也是稳定的，很容易接受和记忆外界传入的信息，形成清晰的记忆。所以记忆的关键是平心静气，精神放松。举世瞩目的瑜伽记忆法正是利用了这一规律。

要保持情绪稳定，就要消除身心疲劳。我们熟知这样的现象，大运动量活动后想坐下来学习，几乎是办不到的，就是看平时有兴趣的书，也会如读天书，不知所云；考试前连续开夜车的人，不管人怎样努力也不会有好的效果，人们常说的"临阵磨枪，不快也光"，就说出了这个道理。因为没有真正学进去——"不快"，只学到一点儿毛皮——"光"，与其把自己搞得那么紧张，不如索性休息，等头脑清醒浑身清爽时学个痛快。因为疲劳的身心显着降低了脑细胞的活力，从而影响记忆效果。

第二节　记忆的奥秘

　　尽管我们对大脑所知有限，比如我们至今无法弄清为什么几乎所有人都会忘记五六岁以前发生的事情？但是，一个聪明的孩子，最主要的表现之一就是他的记忆力好。"从广义的角度来看，我们对事物的了解都基于记忆——我们的住址、写信的汉字等等。"专家告诉我们，"知识来自于个体对过去生活中的各种现实经验的印象。这种印象有时会对应一个精彩的小故事，有时是一种味道，甚至一个字。"科学家对记忆的描述，说明记忆在某些情况下表现得与现实不同。

　　到底人们会对记忆的哪部分进行修改？记忆会存储在大脑的哪些地方呢？对这些问题，目前尚不能给出准确全面地回答。甚至有一些专家猜测，人脑细胞对于事情的永久性记忆机制尚未得到完全进化，还有很大潜力可挖。"人脑对记忆的引用，很像我们所熟悉的拼图游戏，而不是在脑海中出现一幅一幅的场景照片或是过电影。"哈佛大学心理学教授解释说："不同的经验记忆存储在不同的脑空间中；当我们需要它时，大脑会把信息从不同的脑空间中取出来，重新拼装成一个记忆片，也就是我们所说的记忆。"这也就是说，我们希望自己和孩子拥有一个好记性，其实就是希望这种对事物的记录和重组过程能准确有效，并且持续尽可能长的时间。

　　创建第一个记忆"碎片"：婴儿的大脑具有某种初级能力，其作用类似记忆力。一个初生的婴儿，当他听到，或者看到某个熟悉的事物时，心跳速度显著加快就是一个很好的例证。在最初的数月中，婴儿的行为能够说明他们非常清楚地"记得"摇动铃铛会带来什么效果，因此他们才会对这些铃铛乐此不疲。8～9个月之后，婴儿已经能够分辨出哪些东西是新鲜事物了——这证明婴儿"记得"他已经拥有的东西。这个时期，他们能轻易地从一大堆的娃娃中，挑出那个以前从没有见过的新品种。他们开始抗议新来的保姆，并且表现出对周围熟悉人的依恋。在最初的这段时间内，记忆力起到了一个特别有影响力的指导作用。什么事情每天发生？什么事情有时发生？这样做是否危险？什么东西有趣？……从多方面多角度来看，记忆力对婴儿成长发育，开阔视野起到了无法替代的作用。让我们跟着一个 1 岁大的小家伙，看看他是如何面对出去散步这件事情的吧。这是一个初冬的早上，有些冷，你为他穿上外衣，套上手套，戴好帽子，然后出门。你把他放在地上，让他稍等一小会儿，好让你腾出手来，带齐所需的各式"装备"、玩具，关好门准备出发。正当你把小家伙抱进婴儿车，系好安全带时，孩子大声哭闹起来！这可难倒你了，出了什么问题呢？原来，你忘记带他的小动物拖车了！一个 1 岁大的婴儿能清楚地记住他最喜爱的玩具，并且知道每次出去散步都应该带着它。于是，等你冲进房门，带回动物拖车之后，一切恢复正常，你可以安心地带他去散步了。或者在夏季的某一天，你和女儿出去散步时会看到绿地里盛开的月季。这时你的小女儿，一边津津有味儿地嚼着大象饼干，一边不停地喊"小强小强"。当然，月季和你们邻居小强没有一点相似的地方，小家伙之所以这么喊，是因为小强家的院子里也种了大量的月季，你女儿清楚地记起了这一点——眼前的场景、气味唤起了她对小强家月季的记忆。为了帮助孩子增强记忆力，父母们应该做些什么呢？读书、唱歌、背诵幼儿园老师教的童谣——对于这个阶段的孩子来说，有规律地重复可以帮助他们更好地记住单字、音节、故事等。当为孩子读他最喜欢的故事时，把每一页最后一个词留给孩子，让他说出来。和孩子玩"你能记住几个？"的游戏：在家用小黑板上贴出 6~8 样生活用品的图片，给孩子 15 秒钟的时间记，然后挡住小黑板，让孩子说出他记住的东西有哪些——说得越多越准确，奖品就越丰厚啊。和孩子一起看以前出门游玩时拍下的照片，与孩子谈论当时发生过的事情，看见过的东西等等，这能刺激孩子的记忆力。带孩子一起去超市，在出门前告诉孩子："我打算买……"并让孩子努力集中注意力，记住这些东西，然后在超市里让孩子提醒你应该买些什么东西——这个方法，可以使孩子很有成就感，并且锻炼了记忆力。听孩子背诵他们最喜欢的一首诗，或者是唱一首他们最喜欢的歌——记忆能力在此时已经完全显示出来了。可以和孩子玩更复杂一些的卡片记忆游戏，比如细节记忆。因为在这个时候，孩子对眼睛看到的东西，记忆深刻。鼓励孩子给你讲个故事，比如今天去动物园发生了什么事情之类的故事，或者鼓励孩子给爷爷奶奶写一封简单的信，讲讲最近发生了哪些好玩的事情——这能帮助孩子重新整理自己的记忆，并有条理地将它组织起来。鼓励孩子开始记日记或者周记，把他在生活中观察到的一件事情进行细致的描写，并且写写他自己对此的感受。

第三节　遗忘规律

时间间隔	保持的百分比	遗忘的百分比
20 分钟	58%	42%
1 小时	44%	56%
8 小时	36%	64%
1 天	34%	66%
遗忘规律		
2 天	28%	72%
6 天	25%	75%
31 天	21%	79%

从中我们可以发现：遗忘速度最快的区段是 20 分钟、1 小时、24 小时，分别遗忘 42%、56%、66%；2～31 天遗忘率稳定在 72%～79% 之间；遗忘的速度是先快后慢。

解读遗忘规律

一、骨架支柱的内容不容易遗忘，细微直接的容易遗忘

启发：在学习时要学会列提纲、总结大意去记忆。要从宏观上把握所学内容内容的框架、结构、条理及大体意义。

二、遗忘速度先快后慢

在学习识记完某一知识后，遗忘就开始发生，尤其在起始阶段遗忘的速度较快。具体遗忘的速度情况详见下表：

艾滨浩斯曲线遗忘规律结论表

学习后的时间	20 分	1 小时	8 小时	24 小时	2 日	6 日	31 日
记住率（%）	58	44	36	34	28	25	21
遗忘率（%）	42	56	64	66	72	75	79

启发：在学习完某项内容后应及时复习，在未等记忆的内容遗忘掉之前就再次复习。这样只需要花费很少的时间就能复习巩固一次。如果等所学的内容全忘了之后才去复习，就等于重新学习一次，此时所花费的时间就比较多，学习的效率就比较低。

三、有意义能理解的内容不容易遗忘，无意义不理解的内容容易遗忘

启发：在学习时应理解地记忆所要记忆的内容。如果所记的内容没有什么意义，那也可以创造性的赋予其意义。比如，你要记"蒋平"的名字，你可以记"蒋，蒋介石的蒋；平，平凡的平"。

四、对有兴趣、爱好和需要的内容不易遗忘

启发：在学习时要培养所记忆的内容的兴趣。要明白为什么要学习这个内容，学习这些知识对我有哪些好处呢？

五、一次记忆同类的内容过多、过久时容易发生遗忘

启发：在学习时要注意文理学科交替学习、不同学科交替学习。因为不同学科的知识由大脑不同的部位主管，所以学科交替学习就可以使大脑的各个部位得到及时修整。

六、中间材料容易遗忘，开头与结尾的内容容易记忆

1. 前摄抑制：前面识记的内容对后面识记的内容有抑制作用

2. 后摄抑制：后面识记的内容可影响前面识记内容的记忆效果。

启发：对所要记忆的内容进行分段来学习，以便增加多个开头与结尾，增强记忆效率。把重要的内容放在起床后或临睡前学习可减少前摄抑制与后摄抑制的影响，增前记忆效果。

七、用脑过度、脑功能下降时记忆效率低

启发：劳逸结合，不要在疲劳的状态下学习。每学习40～50

分钟后就应当做做广播体操、眼保健操等。这些锻炼一定会有利于你的身心健康，增强你的学习效率，切不可等闲视之。

通过分析，显而易见，复习的最佳时间是记材料后的 1～24 小时，最晚不超过 2 天，在这个区段内稍加复习即可恢复记忆。过了这个区段因已遗忘了材料的 72% 以上，所以复习起来就"事倍功半"。

我们在复习功课时，有时感觉碰到的好像是新知识似的，这就是因为复习的间隔太长了的缘故。今后我们要有意识地运用这一规律，切莫以为什么时间复习都一样。

睡前醒后——记忆的黄金时段

记忆时，先摄入大脑的内容会对后来的信息产生干扰，使大脑对后接触的信息印象不深，容易遗忘，叫前摄抑制（先摄入的抑制后摄入的）；后摄抑制（后摄入的干扰、抑制先前摄入的）正好与前摄抑制相反，由于接受了新内容而把前面看过的忘了，使新信息干扰旧信息。

睡觉前和醒来后是两个绝佳的记忆黄金时段！睡前的这段时间内可主要用来复习白天或以前学过的内容，对于 24 小时以内接触过的信息，根据艾滨浩斯遗忘规律可知能保持 34% 的记忆，这时稍加复习便可恢复记忆，更由于不受后摄抑制的影响，识记忆材料易储存，会由短时记忆转入长期记忆。另外根据研究，睡眠过程中记忆并未停止，大脑会对刚接受的信息进行归纳、整理、编码、储存。所以睡前的这段时间真的是很宝贵的。

早晨起床后，由于不会受前摄抑制的影响，记忆新内容或再复习一遍昨晚复习过的内容，则整个上午都会记忆犹新。所以，说睡前醒后这段时间如能充分利用，就可事半功倍。

复习、温故——古老而又实用的记忆诀窍

"温故而知新"，"读书百遍，其义自见"，这些话语我们都很熟悉。的确，复习是记忆之母。我们巩固所识记过的材料的最好方法就是复习！

记忆是大脑皮层形成暂时神经联系的过程。建立起来的神经通路如果不畅通，则原来大脑中保留的痕迹就会逐渐消失，而复习就是对大脑中的痕迹进行再刺激，及时复习就是在第一次痕迹未完全消失时，紧接着进行第二次、第三次重复刺激，重复刺激次数越多，痕迹越深；重复越及时，费时越少，费力越小，记忆效果越好。

遗忘规律的几种形式

第一，感觉记忆的遗忘及规律

遗忘是记忆保持的最大变化。遗忘和保持是矛盾的两个方面。记忆的内容不能保持或者提取时有困难就是遗忘。感觉记忆的遗忘及规律，进入感觉器官的信息首先在那里储存，信息是以其原有的物理特性被简单保存的，保存的时间较短，如果信息不被注意并进行一定的心理加工，很快就会消失而被遗忘。如果这些信息能够引起个体的注意并被及时地加工，将那些先后进来的不连续的信息整理成新的连续的印象，那么感觉记忆就转入了短时记忆阶段，感觉记忆的遗忘就不会发生了。

第二，短时记忆的遗忘及规律

短时记忆的遗忘进程短

短时记忆的容量有限，存储的时间也很短。在没有复述的情况下，短时记忆可以保持约 15 ~ 30 秒。在皮特森等人的实验中，要求被试记住以听觉形式呈现的 3 个字母，为了阻止被试对一个数字进行复述，在呈现字母之后马上让被试对一个数字进行连减 3 的计算，直到主试发出信号，让被试回忆刚才呈现的 3 个字母。结果发现，被试回忆的正确率是从字母呈现到开始回忆之间的时间间隔的递减函数。当时间间隔为 3 秒时，被试回忆的正确率达到 80%，当时间间隔为 6 秒时，正确率迅速下降到 55%，延长到 18 秒时，正确率就只有 10% 了。这个实验说明，短时记忆信息存储的时间很短，如果得不到复述，就会迅速遗忘。

第三，长时记忆的遗忘及规律

长时记忆遗忘的进程

德国心理学家艾宾浩斯（Ebbinghaus）最早研究了遗忘的发展进程。他自己充任主试和被试，独自进行实验，持续数年之久。他选用大量的无意义音节作为实验材料，这种无意义音节由两个辅音和一个元音组成，实验采用重学法检查识记效果。他的实验结果表明：遗忘的进程是不均衡的，在识记后的短时间内，遗忘的比较快、较多，以后逐渐减慢。到了相当时间，几乎不再遗忘，遗忘速率先快后慢，呈负加速型。他将自己的研究结果绘成了曲线，即著名的艾宾浩斯遗忘曲线。后来很多人重复了他的实验，所得的结果和这个结论大致相同。

遗忘的进程不仅与时间有关，还受到其他一些因素的影响，主要有以下几个方面：

1. 材料的性质与数量

一般认为，对熟悉的材料遗忘得慢；对有意义的材料比无意义的材料遗忘要慢得多；在学习程度相等的情况下，识记材料越多，遗忘得越快，相反则遗忘得慢。

因此，学习时要根据材料的性质来确定学习的数量，而不能贪多求快。

2．材料的系列位置

在回忆系列材料时，材料的顺序对记忆效果有重要影响。一些实验结果表明，最后呈现的项目最先回忆起来，其次是最先呈现的项目，最后回忆起来的是中间的部分。这种现象叫系列位置效应。最后呈现的材料最容易回忆，遗忘最少，叫近因效应。最先呈现的材料较容易回忆，遗忘较少，叫首因效应。

3．学习程度

一般认为，对材料的识记没有一次能达到无误背诵的标准，称为低度学习；如果达到恰能背诵之后还继续学习，称为过度学习。实验表明，低度学习的材料容易遗忘，而过度学习的材料比恰能背诵的效果还要好一些。

4．学习者的态度

学习者对材料的兴趣、需要等，对遗忘也有一定的影响。研究表明，不符合个人需要、引不起个人兴趣、在个人生活中不占重要地位的材料，一般容易被遗忘。

第四节 开发记忆力的心理策略

一、人的记忆力是可以开发的

在过去的二三十年中，有大量的实践研究企图解开人类左右两边脑部分别掌管的是怎样的功能的秘密。结果证明左半部是语言控制中心，以逻辑性、时间性的思考运用；而右半部似乎掌管着意念、印象等整体图形等直觉的反应思考模式。基本上这个二分法的大脑运作，在近年西方全像的理论是早已被推翻了，但是，为了让学习者了解一些理论性的探讨，也只好将左，右脑分别来讨论其功能。

让我们举一个生活例子来说：不知你是否有过如此的经验，某天在百货公司或是街头上闲逛或是 shopping 时，突然一个熟悉的身影从旁而过，一时之间，你怎么也想不起他的名字，但是你确定自己一定认识他；另外，我们常参加中学时期的同学会，有没有这样的经验：一时之间又叫不出同学的名字，但是那似曾相识的脸蛋，让你肯定知道，他是你的同学。这代表什么意思吗？右脑掌管着图像记忆功能，所以你很有效率地搜寻到过去十几年前同学的画面（长像），但一时却又找不到左脑掌管的逻辑，推理的庞杂的数据库中的同学名字；从例子中，可以很明确地知道，右脑的图像学习的效应是十分快而不易忘记。所以，从坊间的许多的学习法中，而窥伺得知，皆是利用右脑的理论来利用图形及图片的记忆上或是透过情境的想象连接来帮助提升学习上的记忆效果，尤其是在幼儿教育领域中的应用范围更是广泛。但是实际上，这不过是利用右脑原本的记忆功能来应用，只是人们大都不知道如何来强化及使用我们自己的大脑的应用罢了！而且，就以全像的理论来说，这也只是一小部分的应用于记忆的一个方法，而非做到全脑的真正开发及使用。

因为，大脑的应用发展是不该区分于左右两脑的差异，而应该是如何整合其全脑的应用，而图像思维就是如此，透过右脑的图像记忆效应来思索左脑的分析和决策，这才是全像思维，而非仅是记忆效果。

二、如何开发记忆力

记忆是什么？科学家认为记忆可分为短期记忆、中期记忆和长期记忆。短期记忆的实质是大脑的即时生理生化反应的重复，而中期和长期的记忆则是大脑细胞内发生了结构改变，建立了固定联系。比如怎么骑自行车就是长期记忆，即使已多年不骑了，仍能骑上车就跑。中期记忆是不牢固的细胞结构改变，只有"曲不离口、拳不离手"反复加以巩固，才会变成长期记忆。短期记忆是数量最多又最不牢固的记忆。一个人每天只将1%的记忆保留下来。明白了记忆需要不断复习才能巩固的道理就可以从物质和技巧两方面着手掌握增强记忆力的诀窍了。物质方面，要多吃有利记忆的食品，如富有含锌、磷酯、某些不饱和脂肪酸的芹菜、核桃、芝麻、瘦肉等。

技巧方面实际上就是按记忆的生理规律去做。其一，课堂上要专心听讲、思考吸收，取得较深的短期记忆。下课后当天复习；过几天当记忆开始淡漠时再巩固一次并加以条理化。"学而时习之，不亦乐乎"，以后每隔一两个月复习一次。这样就可以把短期记忆变成中长期记忆，花最少的时间取得最佳的记忆效果。其二，复习要记忆的功课最好在早晨或夜里的安静环境中进行。试验证明，晚上 6 ~ 10 时和早晨 6 ~ 8 时是记忆功能最佳时候。同时要专心，不要被其他干扰或打断。切忌一边听随身听一边背书。这是因为大脑工作时只允许一个中枢于兴奋状态，如果同时有几个兴奋点，必定会心不在焉或三心二意，结果大大降低记忆效果。其三，记东西时要舒心不要紧张。紧张时去甲肾上腺素分泌增加，它是损害精神集中功能和记忆力的大敌。反之，在宽松环境中，垂体后叶分泌加压素，它对增强记忆功能大有好处。其四，可以编一些顺口溜将知识条理化、提纲化，使知识形成记忆的系统和网络，这样便可通过联想来增加记忆效果。例如要记"唐宋八大家"姓名时，可以先记住"韩、柳、'三苏'、欧（阳）、王、曾" 8 个姓，然后便于推想出全部姓名等等。其五，尽量理解要记忆的内容。所谓理解，从生理上说就是把你的知识纳入记忆网络中，并且建立深一层的固定联系。死记硬背不理解的东西是浪费记忆力，也记不牢。记忆，就是过去的经验在人脑中的反映。它包括识记、保持、再现和回忆 4 个基本过程。其形式有形象记忆、概念记忆、逻辑记忆、情绪记忆、运动记忆等。

记忆的大敌是遗忘。提高记忆力，实质就是尽量避免和克服遗忘。在学习活动中只要进行有意识的锻炼，掌握记忆的规律和方法，就能改善和提高记忆力。以下介绍的是增强记忆力的 10 种方法：

1. **注意力集中**　记忆时只有聚精会神，专心致志，排除杂念和外界干扰，大脑皮层就会留下深刻的记忆痕迹而不容易遗忘。如果精神涣散，一心二用，就会大大降低记忆效率。

2. **兴趣浓厚**　如果对学习材料、知识对象索然无味，即使花再多时间，也难以记住。

3. **理解记忆**　理解是记忆的基础。只有理解的东西才能记得牢、记得久。仅靠死记硬背则不容易记得住。对于重要的学习内容，如能做到理解和背诵相结合，记忆效果会更好。

4. **过度学习**　即对学习材料在记住的基础上，多记几遍，达到熟记、牢记的程度。

5. **及时复习**　对刚学过的知识，趁热打铁，及时温习巩固，是强化记忆痕迹、防止遗忘的有效手段。

6. **经常回忆**　学习时，不断进行尝试回忆，可使记忆中的错误得以纠正，遗漏得以弥补，使学习内容中的重难点记得更牢。闲暇时经常回忆过去识记的对象，也能避免遗忘。

7. **视听结合**　可以同时利用语言功能和视、听觉器官的功能来强化记忆，提高记忆效率。这比单一默读的效果要好得多。

8. **多种手段**　根据情况灵活运用分类记忆、图表记忆来缩短记忆过程。或者采取编提纲、记笔记、做卡片等方法来增强记忆力。

9. **最佳时间**　一般来说，上午 9—11 时，下午 3—4 时，晚上 7—10 时为最佳记忆时间。利用上述时间来记忆重难点和学习材料，效果要好得多。

10. **科学用脑** 在保证营养，积极休息，进行体育锻炼等保养大脑的基础上科学用脑。只有防止过度疲劳，保持积极乐观的情绪，才能提高大脑的工作效率。

以上介绍的 10 种提高记忆力的方法的核心可以归纳为：培养兴趣、集中精神、掌握规律和方法、讲究科学原则。在实际操作过程中，培养兴趣和集中精神主要体现在上课上。那么上课该如何集中注意力，增强学习自主性呢？

一是明确自己要达到的目标，使自己产生向往和追求的愿望，并强行将自己的注意力集中，时刻提醒和鞭策自己去完成任务；二是依靠自我控制和自我调节的能力，以坚强的意志与外界各种干挠作斗争，达到充耳不闻、闹中取静的超我意境。掌握规律和方法、讲究科学原则应该贯穿于学生的整个学习过程中的。这个学习过程有 3 步：预习，上课，复习。预习是了解自己，主要是了解自己的不懂之处。学生可以用自己独特的标志来标明这些难点。上课除了把握老师所讲的重难点之外，还应该针对自己的"空白"，敢于质疑，以达到教学相长的目的。如果每一个学生都能如此，那么讲课这种双边活动就不应该只有教师的讲，还应该有学生的问。讲到上课，还得补充一点，那就是做好笔记。笔记不要面面俱到，因为老师的备课肯定有个重难点，所以学生的笔记也要有个重难点。上课至关重要，因为它是一个超强度的脑力活动。基本上这个过程做好了，其他的都可以迎刃而解。所以我要求学生做到各种感官一齐"运动"，亦即心到、口到、眼到、耳到、手到。因为现代心理学表明，各种感官同时参加活动，对于提高大脑工作效率极为重要。复习的作用在于"查漏补缺"。根据个体的情况，自己制订自己的复习计划。计划的主旨应该是巩固学习成果、提高学习效率。

形象控制法分为准备阶段和四步练习。准备阶段，就是要明确目的。首先要明确你想要提高记忆力的目的是什么，实际要求是什么，要既明确又具体。做到这一点是不容易的，许多练习者往往口答得很笼统，他们说："我的目的就是想要提高记忆力。"这样回答不行，不会收到良好的训练效果。必须有具体而实际的要求。这一步是提高记忆力训练以前必须做的，所以我们称之为准备工作。要做到目的明确，就要认真地对自己作一番分析：如自己想做什么事情，想成为一个什么样的人，想得到什么。为了达到上述各点，需要什么样的必要条件。自己具备了什么样的能力，而哪些能力还不够。不同类型的人目的是不一样的。一般说，学生和老师的目的有区别，不同年级的学生具体目的也不一样。同一年级的学生各人情况有别，其目的也有差别。每人一定要明确个人的目的。例如有的学生提高记忆力的目的是：我要提高我的学习成绩，我想考上自己仰慕已久的某大学的某专业；我将来想当一名科学家等等。注意把自己的想法列举出来后，用形象思维的方式来归纳整理，写到卡片上，用图表列出，经常看看，对自己的发展能有一个整体认识。要经常一边看图表，一边自我研究。自己到底在想些什么，要想做些什么，追求些什么，为了达到目的自己需要什么样的能力等等，准备工作做好后，下面就开始正式训练。第一步使身心轻松舒适。首先，要把你的整个身心放松，使之处于一种轻松舒适的状态，由此使你的大脑安静下来，使疲劳的脑细胞得到休息和恢复，从而提高大脑的活力。原则上，只要你回忆起你过去有过的"轻松舒适"的体验，那么你的身心就会处于轻松舒适状态了。

在形象控制法里，把能够使人"身心轻松舒适"的体验，叫做基本形象。把相应的练习叫做基本练习。在这一步的练习操作过程中，要注意练习前的注意事项和练习要领。

第一，练习前的8条注意事项

（1）开始练习时，尽量减少外部对人体的刺激，最好把眼镜、腰带、手表、鞋等东面摘掉或松开，练习的地点应是比较安静、通风、温度和光线适中，也可以坐在公共汽车上或呆在教室里等环境条件下进行练习，随着练习的深入，养成习惯。

（2）练习开始时，最好采用标准姿势，慢慢习惯以后可以采用任何姿势来进行。所采用的姿势不要产生不舒服的感觉，以免影响放松效果。一般采用的姿势为靠式或两种坐式。靠式：坐在安乐椅或沙发椅上，把身体的背部和头部靠在靠垫上，使两腿平行着地，不可悬空，使腿部轻松舒适。两个胳臂放在扶手上，手心向下，要求两肩轻松自然。两腿分开与肩的宽度相似。坐式：用什么样的椅子都行，用凳子也可以，或者只要有一个坐的地方。椅子高度适宜，一般要求两脚着地而下悬空，放松两肩，头部稍向前倾，这时把身体和头部彻底的伸展一下，以消除身上的紧张感觉，这样就能取得很好的姿势。两只手的手心向下放在大腿上，并使它们不要相互碰到。两腿自然分开处于舒适状态。此外还可以采用站式、正坐式、盘膝坐式等。这要根据个人的习惯而定。

（3）练习开始闭着眼睛进行，容易浮现所需要的形象，训练效果好。习惯后能够掌握形象时，可以睁着眼练习。

（4）练习时一般采用平时习惯地呼吸方法，但在开始练习之前，要进行 3～5 次腹式呼吸，使大脑安静下来。

（5）当你入静时，在你头脑中所出现的基本形象应当是你过去经验中最使你的身心"轻松舒畅"的那种形象。绝对不要出现与不愉快的事情相联系的那种形象。如在美丽的草坪上舒畅地休息，愉快地沐浴着阳光，这对一般人可能是良好的感觉，但个别女孩子可能会产生怕流氓出现的不快感，引起不好的结果。所以要视个人情况而定。

（6）练习的时间最好是早、中、晚 3 次。早晨起床后，午饭后，睡觉前，分 3 次练习是比较理想的。假如做不到 3 次，但至少一天要练习一次，平均 3 个月左右的练习，就能掌握形象控制法的全过程。重要的就是坚持每天练习。每次练习时间为 10～15 分钟。

练习的基本要领。首先，要使精神放松。按照上述注意事项，基本姿势正确以后，把两臂和两脚尽量地向前伸出，同时用尽全身的力量，使得手脚颤动。当手脚充分的伸出以后，突然地停止用力，在这一瞬间，你马上可以感到你手脚的肌肉全部放松下来，你要抓住这种放松的感觉并保持下去。把上述的练习再重复一次，可闭上眼做。然后马上进入腹式呼吸，微微张开嘴，把小腹的空气慢慢地吐出来，慢慢收缩小腹，把空气吐干净以后，停止呼吸一两秒钟。接着一面使小腹慢慢地鼓起，一面用鼻子静静吸入空气，吸到不能再吸为止，再停止呼吸一两秒钟。按照腹式呼吸法重复 3～5 次。之后就进入到普通的舒适的呼吸方式。然后在头脑中浮现出轻松愉快的形象。诸如：我像洗过澡那样全身都舒适轻松，我像听妈妈讲故事时那样愉快无比等等的形象。一面浮现形象，一面心中默念 2～3 次：心里非常安静，心里非常安静。由于默念的促进作用，心里确实变得安静了。逐渐地整个身心都达到松弛状态，感到轻松愉快。放松的方法还有多种，一般来说只要掌握上述基本练习就行了。第二步，在头脑中浮现出过去的良好形象。这一步练习在头脑中要浮现出两种形象：一是对于被记忆对象过去的良好形象。所谓被记忆对象是指练习者的练习记忆的目标，如学生提高学习成绩，提高名次等，售货员要把商品名称、价格记住；电话接线员要把有关电话号码都记住等等。提高学习成绩的良好形象如：我的数学有一次考了100分，位于全班第一名；我的一篇作文得特别好，受到老师特别表扬等等。二是对于记忆本身过去的良好形象。所谓记忆本身是指练习者记忆力的良好形象如：考外语前，我一天晚上能记住300个英文单词。我的把某一件事记得很清楚，虽然事隔多年。当过去良好的形象记忆再现时，你就会产生一种"自己一定能记住"的自信心，也使你对记忆的对象产生兴趣。同时也会促使你想办法寻找一些有效的记忆策略和方法，比如我们在教材中已经讲过的：理解后记忆效果好；按照遗忘规律采用有效复习对策效果好；阅读与回忆相结合记忆效果好等等。总之，第二步练习，你要掌握提高记忆力的3个要点，使你自信"一定能够记住"；使你对记忆对象产生兴趣；使你发现适合于自己特点的记忆策略和方法。

具体操作方法：如果你把眼睛闭上一分钟左右，就能出现轻松舒适的感觉，才能开始进入第二步的练习。在学习生活中，有关被记忆对象和记忆力本身的良好形象过去曾有许多，要把印象较深的回忆出来，并逐条记在卡片上，供选择使用。在逐条写下的良好形象中，尽量选择3个或4个最近"发生的事物，印象更为深刻。这样选择出来的良好形象，每天要在头脑中浮现 5 分钟左右。在头脑中浮现出对未来的良好形象。就是说你要在头脑中描绘出这样的形象："记忆力的提高，是为了你的将来开辟一个美好的前途。"对学生来说，可以有以下形象：我的学习效率和学习成绩大大提高，成为成绩优秀的学生。我将考上一个理想的高级中学，当一名优秀学生。我将考上一个理想的大学，当一名成绩优秀的大学生。我将考上研究生或出国研究生、博士生，啊！多有意思呀！我将做一名出色的工程师……我的社会地位和作用将得到社会承认，受社会尊重。这里所谈的未来形象与准备阶段的明确目的有相同的意义。总之，你要掌握提高记忆力的 3 个要点，你产生强烈的动机；使你与愉快的事情相联系；能够给脑细胞以刺激。

这一步就是要明确你提高记忆力对将来会起什么作用，并使它在头脑里深深地扎下根。这一步应在头脑中浮现出过去的良好形象之后再进行。每次可在头脑浮现 5 分钟左右。要把自己能够想出来的目标和作用，逐条地写下来，或制订一个"我将来的计划"，用卡片或用图表列出，将记忆力的提高与开创个人美好的未来联系在一起，效果就会更好。个人的将来目标要尽量具有形象特点，并在练习中经常出现在头脑中，起激励个人的作用。如有可能你不妨实地考察，如到理想的中学或大学去参观访问，找有关的职业人员谈该职业的特点和要求等，建立更深刻的未来形象。第四步，浮现出整体的形象。这一步要求你要对被记忆的对象或要解决的问题作一个整体形象的浮现。如学一节语文课或学一章地理课，我们就要对课文的各部分结构——形成形象，然后形成一个整体形象浮现在头脑中。这一步能够使你了解各部分掌握的情况，对于没有浮现出来的部分就是没有掌握的部分，应对照课文重新理解认识，直到形成完整的形象为止。这一步要求你用形象去掌握记忆对象，而不是依赖语言。用浮现整体形象的方法可以弥补语言表达的不足，印象更深刻，记忆效果好。

研究表明：用形象方法比单纯用语言进行记忆容易得多，记忆的效果好，以后回忆出记忆事物的形象时，也会轻松得多，所以，对于自己所要记忆的事物，要努力在头脑中浮现它的整体形象，这是非常重要的。

在做浮现整体形象这一步时，你要注意掌握以下4个提高记忆力的要点：细致地观察记忆对象；充分理解记忆对象的内容；用形象掌握记忆的对象；边预想结果边记忆。

具体操作和注意事项：做完准备阶段后，大约要用3个月时间做完前3步，当然有人可能快些，视实际效果而定。然后认真地做第四步。前几步掌握后，你还要每天练一次，作为脑体操来练习。这样对于记忆对象再采用浮现整体形象来词忆，记忆效果会大大提高。形象控制法的练习不受年龄、职业的限制。在做上述各步时，将提高记忆力和集中注意力结合起来。如果注意力不集中，记忆力也是不可能提高的，所以两者关系密不可分。每个练习者都要联系个人的特点，找出个人的良好形象和未来的计划美景，否则是难以产生效果的。特别是记忆部分，会有助于对形象控制法的理解，将有益于提高练习效果。提高记忆力的窍门我们都有这种体会，说到得意的事，会感到心情愉快，神采奕奕，心中荡起一股幸福的暖流，浑身充满力量。美好的形象能够促进大脑兴奋，愉快的形象能够激发人的积极性，使人激发出一种向上的力量。美好的形象有利于智慧的发挥，给人以精神力量，使人激发出巨大的潜能。许多成功的人都善于利用形象记忆和形象思维。很好地利用形象记忆和形象思维，不仅有利于大脑右半球的开发，能促进大脑右半球动能的发展，而且形象的运用能够使人较快地进入记忆状态，促进思维和记忆的效果。学会运用形象和美好的形象，是学习成功的一个窍门。

日本记忆专家保坂荣之介说，掌握了这个窍门，"你就一定可以掌握充分发挥自己良好记忆力和注意力的方法。一旦掌握了这个诀窍，你的记忆力、注意力完全可以达到你所期望的高度，不要说是以前的 3 倍就是 5 倍、10 倍也不在话下。"形象控制法是由日本能力开发研究所所长保坂荣之介先生总结提出的。坂本先生依据大量的研究和个案分析，总结出一套开发大脑功能，提高记忆力和集中注意力的有效方法，这套方法简称为形象记忆法。这套方法不仅具有很强的科学性和实用价值，而且步骤简明，便于操作。这套方法在日本发表后受到教育、企事业各界的热烈欢迎，按照形象控制法进行训练的人，能够大幅度地提高记忆力和集中注意能力，从而大大提高了工作和学习效率。

我们就此讲两个故事：

首先讲的是美国第十六届总统林肯少年时代读书的故事。林肯是位具有伟大人格和辉煌人生的总统，他被美国人当作圣贤。林肯小时候，父母都是垦荒者，收入很低，生活贫困。一日三餐，勉强充饥，根本没有钱买玩具、连环画和书。父母白天到外面去做工，晚上回来。7 岁的林肯每天都要去野外拣树枝，挖树根，弄柴禾，并把它们背回家，堆到住室的旁边，以供全家做饭和取暖之用。由于生活贫苦，林肯小时候只上了 4 个月的小学，就辍学了。此后再没有受过正规的学校教育。林肯后来具有的丰富知识，是他长期刻苦自学获得的。对于少年林肯来说，最愉快的是在晚饭后那段时间，妈妈给他们讲各种各样的故事，林肯和姐姐就坐在树桩上，侧目静听，这时少年林肯仿佛被带到梦一样的世界。靠着长期刻苦自学，林肯获得渊博知识，而且他还学会了做人，人品高尚，又具有敏锐的观察力，出色的记忆力和很强的工作能力，赢得美国国民的拥护被选为总统。有趣的是，原来与他竞争总统的一个候选人西沃德，曾经是哈佛大学法律学教授兼纽约州长。此人的学识和经验在共和党里是首屈一指的，可是他没有竞争过林肯。西沃德在林肯手下当了总理。但是，对于自尊心很强的西沃德来说，是不甘心在林肯手下工作的，因为林肯连小学都没有毕业。然而，西沃德在林肯手下工作一段时间后，他对林肯的人品和工作能力，特别是对林肯的敏锐的观察力和记忆力佩服得五体投地。

大家一定想知道林肯的记忆力为什么这样出色，他学习的奥妙是什么？原来林肯那强烈的求知欲和出色的记忆力，似乎是由于他儿童时代的回忆。每当他要学习知识，或要记忆某一事物时，头脑里总会回想起少年时代坐在树桩上听慈祥母亲讲故事那种欢乐愉快的情景，以及给予他的激励。这个故事是不是可以说明，在良好的心境下学习，学习效率非常高。

接着讲的是保坂荣之介先生少年时代的学习故事。保坂先生小时候，特别喜欢玩，上山捉鸟，下河捕鱼，各种名堂都会玩。但是他不爱学习，学习成绩总是下等，在初中一年级 500 名学生中，他的学习成绩排在第 470 名，被老师认为是脑子笨的学生。可是，保坂的父亲却不这么看，父亲常常鼓励他说："你无论是下河捕鱼，上山捉鸟，下棋等都干得非常出色，这就说明你的头脑比一般人好。如果把这种精神用到学习上，学习成绩肯定会提高的。"父亲的鼓励使保板增强了学习信心。而且，当时的保板也觉得成绩这样差，没脸见人，应该好好学。一旦下了决心，又有很强的自信心，记忆力和学习效果之好，连他自己也感到惊讶。他从初中二年级暑假开始努力学习和补课，很快他的学习成绩就经常进入前10名。后来上了大学，工作后长期从事智力开发研究和应用工作，并担任了日本能力开发研究所所长，成为日本知名的学者。

这个故事说明了什么呢？

请大家想一想。如果对自己的记忆力充满信心，不是就能大大增强记忆力吗！形象控制法就是抓住身心轻松愉快和树立信心这两个关键点，进行提高记忆力的训练。形象控制法的训练要明确目的。

解·析
潜能的发掘

〈下〉

李正伟◎编著

中国出版集团
现代出版社

图书在版编目（CIP）数据

　　解析潜能的发掘（下）／李正伟编著. —北京：现代

出版社，2014.1

　　ISBN 978-7-5143-2124-1

　　Ⅰ. ①解…　Ⅱ. ①李…　Ⅲ. ①能力培养 - 青年读物

②能力培养 - 少年读物　Ⅳ. ①B848.2 - 49

　　中国版本图书馆 CIP 数据核字（2014）第 008530 号

作　　者	李正伟
责任编辑	王敬一
出版发行	现代出版社
通讯地址	北京市安定门外安华里 504 号
邮政编码	100011
电　　话	010 - 64267325 64245264（传真）
网　　址	www.1980xd.com
电子邮箱	xiandai@ cnpitc.com.cn
印　　刷	唐山富达印务有限公司
开　　本	710mm×1000mm　1/16
印　　张	16
版　　次	2014 年 1 月第 1 版　2023 年 5 月第 3 次印刷
书　　号	ISBN 978-7-5143-2124-1
定　　价	76.00 元（上下册）

目　录

第四章　注意力

第五章　思维力

第六章　想象力

第七章　创造力

第四章　注意力

第一节　注意力与成功

　　保持良好的注意力，是大脑进行感知、记忆、思维等认识活动的基本条件。在我们的学习过程中，注意力能打开我们心灵唯一的门户。门开得越大，我们学到的东西就越多。而一旦注意力涣散了或无法集中，心灵的门户就关闭了，一切有用的知识信息都无法进入。正因为如此，法国生物学家乔治·居维叶说："天才，首先是注意力。"

　　很多的大企业同样的工作，高中生也能做，大学生也可以做，而大企业往往选择大学生来做。为什么呢？有人研究并得出的结论是：因为大学生比高中生更能集中注意力，做事更能持久。这种注意力的品质是长期学习的习惯带给大学生的。

　　那么，注意力从什么时候开始培养最好呢？一般 1 岁之前的宝宝好动，这个阶段的宝宝又称为乳儿，一般注意力不会超过 3 分钟。孩子 2 岁左右注意力持续时间为 7 分钟，3 岁左右的孩子可以达到 9 分钟，4 岁左右的孩子注意力持续的时间可以达到 15 分钟。一般早教的研究人员认为在孩子 2 岁左右开始培养注意力，有利于孩子的学习，当然同样也有助于孩子以后的成才与成功。

　　注意力集中的程度决定着思维的深度和广度。科学史上思想深邃的巨人都特别能集中注意力。奥托·弗里希回忆说："爱因斯坦特别能集中注意力，我确信那是他成功的真正秘诀：他可以连续数小时以我们大多数人一次只能坚持几秒钟的程度完全集中注意力。"这句话很精彩，它清楚地揭示出了优秀科学家与一般人的不同之处。

关于牛顿的故事：著名的科学家牛顿每天除抽出少量的时间锻炼身体外，大部分时间是在书房里度过的。一次，在书房中，他一边思考着问题，一边在煮鸡蛋。苦苦地思索，简直使他痴呆。突然，锅里的水沸腾了，赶忙掀锅一看，"啊！"他惊叫起来，锅里煮的却是一块怀表。原来他考虑问题时竟心不在焉地随手把怀表当做鸡蛋放在锅里了。

对于每一个学习者来说，如果能达到这样的程度，何必为学习而发愁！

爱因斯坦 25 岁生日那天，他的朋友知道他早就想尝尝美味的鱼子酱，于是买了鱼子酱作为礼物送给他。

爱因斯坦一边吃一边兴致勃勃地与朋友谈论着白炽灯。正当他讨论进行得最热烈的时候，鱼子酱上来了，爱因斯坦一边讲灯丝的材料，一边把鱼子酱送进了嘴里。吃完后朋友问爱因斯坦："你知道吃的是什么吗？"

"是什么啊？"爱因斯坦问。

"鱼子酱呀！"

"啊？是鱼子酱啊！"爱因斯坦不好意思地叫了起来。

爱因斯坦就是因为把注意力完全集中在讨论问题上，因此吃了鱼子酱也不知道。

名人之所以成为名人，必定有他特殊的一面——专心致志。这就要求我们在学习的过程中集中自己的精神，拒绝一切干扰——心理的、外界的。

注意力现在有个时尚的词，又叫专注力。其实一个人如果足够专注他的事业，他的工作，那么他想不成功都难。成功其实与人的渴望及专注密不可分。注意力和刺激之间的联系已经被广泛认可了，这两者的关联是理解注意力和学习如何控制注意力的核心。当你处于缺乏刺激和过度刺激的状态下，是难以集中注意力的。你注意力最集中的时候也就是受到恰当程度刺激的时候。

心理学家使用"刺激水平"来描述你感到无聊或兴奋的程度。这是个心理学词汇，是通过你的肾上腺素分泌的数量多少来判断受到的刺激水平。肾上腺素的分泌数量，反过来也取决于你感觉无聊或兴奋的程度。刺激也被称作激活或驱动力。

刺激和肾上腺素的关系就好像是难以判定先有鸡还是先有蛋一样：你越觉得兴奋，就会分泌出越多的肾上腺素；分泌出越多的肾上腺素，也就会让你越兴奋。反过来也是一样的。你越感到无聊，你的肾上腺素分泌得越少；你的肾上腺素分泌得越少，那么你就越觉得无聊。无论是过度兴奋还是缺乏兴奋，你的注意力都会受到不良影响。

当你受到过度刺激，肾上腺素水平过高，就说明你处于过度兴奋的状态。根据你当时的想法和情况，你可能会感到紧张、过度兴奋、担心、愤怒或害怕。设想一下你发表演讲前的几个小时，或者是大考前，或即将面对挑战时，你的心跳会加速，呼吸会慢慢地加重，觉得自己的大脑已经处于飘忽游离状态。

当你没有受到刺激的时候，你肾上腺素分泌水平很低，你缺乏足够的驱动力。你可能会觉得停滞不前、行动缓慢，或毫无动力。设想一下你要写一份技术报告，或者要整理壁橱，或要去报税。你很难集中精神全心投入，于是你觉得自己行动缓慢、昏昏欲睡，非常想查收电子邮件、想看电视，或吃点零食，或者去做任何一件比手头枯燥任务有意思的事情。

当受到适度的刺激时，你处在一种"放松戒备"状态：肌肉是放松的，但意识则保持警惕性。注意力专家把这种放松戒备状态称为"最优刺激"状态，这时的你拥有最佳的注意力驱动。你受到足够的刺激，体内分泌出适量的肾上腺素，你觉得自己是积极的、自信的、注意力集中的。想想你正在做真正喜欢的事情：在看一本引人入胜的小说，或者去心仪已久的地方旅游。你会感到思路清晰和全心投入。在这种状态下保持注意力集中是轻而易举的。

当你处于恰当的刺激下，你的感觉是敏锐的，完全能够集中注意力。像那天我女儿和其他骑手一样，很容易跟随教练的指导。他们高兴地骑着马，而不是处于恐惧或瘫软的状态。他们在认真聆听教练指示，不像当时头昏脑涨的我。他们在放松戒备的状态下，可以集中注意力听从指导，驾驭自己的坐骑，并欣赏太平洋海岸的美丽风景。拥有良好的注意力会让你受益匪浅。要理解注意力和刺激之间的关系，可以简单地画一个山形或者一个倒 U 形曲线。垂直的 Y 轴代表注意力，从上到下代表注意力由好到坏。水平的 X 轴代表受到的刺激水平，从左至右表明受刺激程度由低到高。曲线的左上端代表缺乏刺激，而曲线的右上端则是过度刺激。在曲线的两端，是处于缺乏刺激和过度刺激的状态，这时候的注意力水平都是很低的。在曲线的中心区，受到的刺激程度恰到好处，而注意力则处于最佳状态。这就是你的注意力专区。

当处于注意力专区的时候也就是受到足够和稳定的刺激时，你会感觉很好。处在这样的身心放松戒备状态中，你会觉得做事很有效率，有足够的精力把事情完成。你会认真地倾听，保持注意力集中，有效地做事，作出正确的决定，并最终完成你的任务。这个倒置的 U 形起源于 20 世纪的心理学词汇。在叶克斯博士（Robert M. Yerkes）和多德森博士（John D. Dodson）于 1908 年提出的叶克斯—多德森定律（Yerkes – Dodson law）中，倒 U 形曲线被用来阐释一系列的实验结果。该定律指出，绩效（或注意力）随着觉醒（或刺激）的增加而增加，但只能达到某一最高点。过了这个峰值后，随着刺激的增加，你的绩效不仅不会提高，反而会降低。

尽管过了很多年，倒 U 形曲线仍然是用来阐释生物心理学和神经系统发现的统一法则。研究已证实并扩展了这一经典曲线，使其包括了更多复杂变量。倒 U 形曲线在运动心理学中是重点讲授的内容，而且被世界一流的运动员作为模型来练习如何控制注意力。

倒 U 形曲线的横轴代表受到刺激的程度，有时候也表现为动力、紧张、动机、肾上腺素的分泌水平，或生理上受到的刺激。代表注意力的纵轴，有时候表现为选择性注意力、集中、专注、智力表现，或做事效率。曲线的中心范围即你的注意力专区，也被称为最佳表现范围，或被称作个人最佳功能区

倒 U 形曲线中的顶端，也就是最中心的部分代表了最高峰值。你越接近这个峰值，也就越接近受到刺激和保持注意力的最佳状态。许多运动员早就把这种状态称为"最佳表现"。专家有创意地称之为"心流"，即一种有意识的可改变的状态。这个词是由心理学家米哈里·齐克森米哈里博士发明的，他曾经收集过成百上千个拥有高度注意力的人的相关数据，有的是登山运动员，而有的是国际象棋选手。"心流"这个词完全描述了当他们投身于高度自我控制、目标明确、有意义的活动时的状态。齐克森米哈里博士进一步解释，当你完全沉浸于正在做的事情时，时间好像都暂停了。艺术家、音乐家和发明家都努力想达到"心流"状态，也就是处于巅峰的放松戒备状态。

可以达到巅峰状态的、不被分散的注意力是最理想的，但是在纷繁复杂的工作环境中是很难实现的，你会时不时地因为这事或者那事而分神。所幸的是，你可没必要达到巅峰状态才算进入自己的注意力专区。只要你能达到曲线的中心范围的任何地方，你的注意力就是集中的，做事情就是富有成效的。

进入自己的注意力专区，保持注意力集中，也有不同的水平。有时你会更接近中心区的巅峰状态，而有时你会感觉更接近于倒 U 形曲线的末端——缺乏或过度刺激的状态。

　　缺乏刺激或过度刺激也有程度的区别。你会感到有点无聊或难以忍受的无聊，也会感觉有点兴奋和过度兴奋。但是如果你处于注意力专区外的任何区域，那么就会遇到麻烦。你是否曾经在开会或讲座的时候走神？当然，你没有陷入完全的走神，还是在听着会议或讲座的大概内容，但是你很可能错过了一些细节，并且因此受到困扰，因为不知道这些错过的细节对你来说是否重要。

　　温和的过度刺激也会导致问题。你是否在考试的时候感到紧张？紧张给你带来注意力不集中，很可能影响了你的发挥，导致考试成绩不佳。尽管你没有不及格，但你会觉得沮丧，因为知道自己已经很努力地学习，而且答案就在头脑中的某个地方。如果保持注意力集中，你很可能做得更好。

　　处于注意力专区之中，当谈到提高注意力，注意力专区就是我们要关注的地方。当我们处于这区域的时候，感觉的确很棒。想想上次做你真正喜欢的事情时：可能是你的业余爱好，或喜欢的运动等。你可能正在寻找自己喜欢的话题，整理电脑中的乐曲，或跟好友聊天。当全心投入地去做某事的时候，还记得你当时的感觉是什么？轻松的，充满活力的？你可能还可以回忆起那种令人舒适的感觉，你做的事情都是有计划、有意义、有积极性的。也许你曾经暗想，"要是总这样就好了。"

　　其实大部分的时间你都可以感受很棒。只要通过训练，你可以教会自己如何将注意力保持在倒 U 形曲线的中心区域。像接受心理技巧训练的奥运健儿一样，你可以自主地选择是否集中你的注意力。不管你是要完成一些确实无聊的工作，还是要面临人生中的某个生死攸关的紧张时刻，你都能应对自如。顶级运动员通过训练可以达到巅峰状态，你也可以做到。

　　了解过度刺激。首先，让我们仔细研究一下何时你会过度兴奋。大部分人认为肾上腺素急速分泌的时候，会有一种幸福愉悦的快感，跟坐过山车一样。我们花钱买票坐过山车，因为它能给我们带来欢乐。我们认为这种状态是希望达到的理想状态。

但是，过度刺激指的是当大量的肾上腺素分泌后，你的大脑和身体通常处于一种非理想状态。你的心跳速度加快，并且你的注意力完全无法集中，也无法只停顿在同一个地方。这跟坐过山车可不一样。尽管坐过山车的时候你会尖叫，但是仍然微笑着，因为你知道自己是安全的，这只是个游戏，你并不是真的坐在一列脱轨掉下悬崖的火车上。

通常在过度刺激状态，你就不再有恐惧的感觉了。不管有没有帮助，你的恐惧感已经触动了头脑中的急性应激反应。尽管知道快乐就在面前，你是否曾经有过轮到你踏上过山车的一刹那想要逃跑的念头？如果有，那就是肾上腺素分泌过多刺激了你逃离的冲动。

当处于其他生存恐惧中时，大脑中主管"生存"的部分会产生出大量的肾上腺素，因为它认定你现在需要战斗。在准备与老板摊牌谈判的时候，你想到可能会失去现有的地位或金钱。你的大脑中管"生存"的部分已经对这样的威胁采取应对措施，就好比必须击退攻击你的野兽一样。肾上腺素的分泌增强了你的体力，还加快了你的应激反应速度。

如果你的思想、言论或行动中存在着急性应激反应斗争迹象，就表明你逐渐进入了过度刺激的状态。斗争迹象一般包括感到暴躁、争论不休、过度地责备他人或过分自责。逃避迹象总是表现为担心、焦虑、反复琢磨等，尽管这样的情感和逃跑的冲动之间的联系可能不那么显而易见。只有你的大脑希望你离开，但是你却在工作中，或被困在交通堵塞中而无法脱身的时候，这些感受才会发挥作用。尽管你没能意识到，但是一个身体被困住、无法脱身的人唯一能做的就是浮想联翩了。你的思想已经离开了现实，与分泌出的肾上腺素一起自由地畅想，想象自己的过去和未来，甚至会设想错误和恐惧。不同的活动，不同的注意力专区每一项活动都有自己的注意力专区，换句话说，就是最优肾上腺素驱动状态。与一个橄榄球比赛中运动员的底线开球相比，你坐下来写季度销售报告所需的肾上腺素要少得多。一般而言，体力活动需要更多的肾上腺素，赋予身体一定能力去做体力上的反抗或逃离。相反，脑力活动则需要分泌较少的肾上腺素，因为肾上腺素是通过将大脑中的血液分配到身体，从而给予身体多余的力量。对于脑力活动来说，大脑已经拥有了足够的血液容量。

在运动心理学中，每种运动需要的注意力水平取决于该项目的体力与心理技能的比例。例如拳击运动，要求力量和威力，所以拳击运动的巅峰状态需要很高的肾上腺素分泌水平。网球或高尔夫球运动需要注意力高度集中，因而运动员在最佳状态下分泌的肾上腺素比拳击运动员要低得多。用运动心理学术语来说，倒 U 形曲线中，拳击需要的觉醒程度远远超过网球或高尔夫球所需要的觉醒程度。对所有运动员来说，在比赛中必须要保持自己的注意力集中，但是不同的运动项目决定了所需的不同注意力水平。

在你每天的生活当中，不同的注意力水平取决于你所做的事情和做事情的强度，即你的肾上腺素所要求的分泌程度。信息时代的绝大部分工作是脑力活动。比如收集数据、管理表格、撰写报告、电话会议、编写电脑程序等，都是脑力活儿而不是体力活儿。当你坐在你的办公桌或电脑前，你只需要分泌较少的肾上腺素就可以完成手头的工作了。而一名建筑工人则不然，因为他的工作大部分是体力劳动，需要分泌较多的肾上腺素才能完成工作。

每天你都要做不同的事情，如果你要让自己保持在注意力专区的话，你需要的肾上腺素分泌水平也会相应地变化。如果你正在召开销售会议，你更加关注的是动态的画面和听众的热情，这时候你对细节反而可能不是那么关注。但是如果你正在审查合同条款，情况则正好相反，你更需要关注的是细节。而有的时候，你需要在两种情况中迅速地转变。如果你正在当众做陈述报告，你的声音中需要充满热情。但是如果是在陈述结束的问答部分，你就要认真地聆听，准确地记忆和简洁地答复。

你是否有过这样的经历：当有人说了一些有点冒犯或质疑你的话，你当时就感到这些话是对自己的威胁或挑衅？那时的你不能作出一个精辟的回答，甚至可能觉得脑子有点不听使唤了。这是因为，肾上腺素的迅速分泌让你处于一种超级警戒状态。等后来你在淋浴的时候，你突然想起刚才原本应该回答的内容。这是因为你回到了放松戒备状态。你重返了你的注意力专区。

当你不处于注意力专区的时候，不管发生什么事情，你的肾上腺素分泌水平都是不合时宜的，不会适合你目前的情况。不处于注意力专区的你，大脑充斥着过量的或者是较少的肾上腺素，在这样的状态下，你很难顺利完成自己的任务。

不过，你可以自由决定自己何时处于注意力专区。就像一个优秀运动员一样，你可以进入或者离开你的注意力专区。你可以使用你的思想、感情和行动来改变你的肾上腺素分泌水平。

事实上，很难判断谁是根本的影响因素，是刺激太多还是过多的肾上腺素分泌。不过，你可以打破这种相互影响的循环。利用优秀运动员使用的心理调节技巧，你可以增加或减少需要的刺激，调整你大脑内的肾上腺素分泌水平。你可以返回一种轻松的戒备状态，可以自由控制自己的注意力专区。

想想那些需要平衡的运动，如溜冰、滑雪、自行车等，在速度极缓或极快的时候，你觉得自己处于失控的状态。想要重新控制自己，需要两个步骤：首先，你必须认识到，你已经失去了控制。其次，你需要加速或减慢来重新恢复平衡。

当你觉得心烦意乱、无聊或受到挑衅的时候，恢复你的注意力也需要两个步骤。首先，你必须认识到，你现在不在自己的注意力专区里。然后，你需要运用一定技巧或策略重新返回注意力专区，有很多方法可以做到这一点。

多重任务到底是好还是坏？多重任务到底是节约了还是浪费了时间？

倒 U 形曲线解决了这一问题。如果你动力不足，多重任务则是件好事，因为多一项额外的活动就增加了刺激，让你重返注意力专区。比方说，你在捣弄一些代码的时候思想开始开小差了。你发觉自己开始感到无聊，所以打开电脑下载一些摇滚音乐的 MTV，不时地看上几眼，好继续自己的工作，这新增加的刺激就可以让你自己重返注意力专区。

如果你处于曲线的末端，你的脑子已经在超速运转，那么多重任务只能使事情变得更糟。比方说，你正赶在项目的最后期限前完成它。小组其他成员不断来电，发来电子邮件或即时信息，甚至有人走到你的办公桌前来打断你的工作。你的思维就是在竞赛，如果你情不自禁地下载一些摇滚音乐的 MTV，增加的刺激肯定会影响你的工作业绩和工作效率。

也可能出现这样的情形：你正在捣弄计算机代码，你感到厌倦，便下载了一个摇滚音乐的 MTV，但是它太吸引人了，你甚至停下忙碌的工作专注地观看它。这样的话，你已经增加了自己的刺激，但增加得太多。你的注意力专区倾斜了，新的问题代替了原有的问题：现在你陷入了拖延，注意力从曲线的一端摇摆到了另一端。

MTV 结束后，你还是感到兴奋不已，但你需要时间来重新进入工作状态。你努力想重新工作，但是跟刚才的 MTV 相比，捣鼓代码的工作比以前更加无聊。你开始重新工作了，但又忍不住开始聊天或者查收自己的电子邮件。多重任务让你不那么疲倦了。但是副作用是你不再那么用心地工作了。你沉浸在查收笑话邮件并将其转发给朋友们分享的过程中，直到你猛然看到时钟，才突然意识到已经浪费了大好的时光。你不得不再次强迫自己重新回到手头的工作中去。跟刚才相比，手里的工作更加无聊了。于是你继续浏览有趣的邮件，检查更新 RSS 新闻链接或流连于你钟爱的博客。这样，原本可以 1 小时完成的工作，你竟然用了半天还没有完成。

需留神的多重任务：多重任务的关键就是要策略地运用它。这是一个挑战，因为在面对刺激的时候，你很难不受影响。

以使用手机为例。大约 75% 的司机都承认会一边开车一边打手机。我们喜欢边开车边说话。然而，有研究显示，边通话边开车的司机更容易发生交通意外，面对交通信号时的反应速度比没有使用手机的时候要慢得多。这样的现象被专家称为"注意力不集中"，当我们的注意力不完整时，我们会错过重要信号。因为我们的刺激中心同时兼顾谈话和开车，所以刺激中心不容易让我们觉察到即将发生的危险事情。

这是否意味着你不应该在驾车时使用手机？在现在的社会，这几乎是不太可能的事情。通常的做法是随时都想着倒 U 形曲线，意识到在何种情况下，增加更多刺激会有怎样的影响。在每种情况下，你都应该问问自己应该怎么做，好让自己保持在注意力专区内。

需留神的多重任务是改变状态的钥匙串中的钥匙之一，是让你有意识地检查自己的状态，确定自己的注意力专区在每种新的情况下是否需要调整。在新的情况下，是指在你的车里，在办公室里，跟你的家人在一起时，或跟朋友、同事在一起时，在每一种情况下都需要有自己的判断。有时你会选择多重任务，而有时候不会。留神多重任务，你就不会自动回电话，或回应其他的外界干扰，你会在理智和策略的基础上，巧妙地作出自己的选择。心情应该高涨还是应该平静下来？发现自己的注意力专区可不是一件容易的事情。因为不仅专区是随着活动的不同而改变的，而且也存在着个体的差异。你的性格、生理条件、思想方式和年龄、经验等都是重要的影响因素。你可能无法一边打电话，一边收发电子邮件，还时不时跟别人在网上聊天。但是你的孩子有可能做到。在课堂上，有的学生很容易受到外界的影响：翻书的声音、椅子移动的声音、同学们的窃窃私语。有的则不会受到影响。正如我们都有不同的面孔和不同的指纹，我们每个人也会分泌出不同的大脑化学品。你的肾上腺素的分泌水平是独一无二的。你的肾上腺素的代谢程度决定了你同刺激区域的关系，每个人都有自己独特的注意力专区。正如你阅读本书的时候，你会更加容易地认识到自己是否在注意力专区里，以及如何停留在自己的最佳状态中。有的时候，你好像是因为疲惫不堪，但深层问题是你分泌了太多的肾上腺素。拖延就是一个很好的例子。

比方说，你推迟整理自己的财务状况，或者推迟获取那些与作出自己健康方面决定相关的信息。表面上看起来，你只是不想坐下来着手进行这种毫无刺激感的事情，但内心深处你是害怕的。你害怕要面临不知道数目的债务，或者你将会面临一个具有危险性的手术。这是肾上腺素分泌带来的恐惧，这时你还没有机会体会到即将开始的事情是无聊的。在你着手进行下一步前，你需要冷静地处理自己的恐惧，并重新返回自己的注意力专区。

许多家长说，他们在辅导孩子功课的时候总是容易莫名其妙地发火。因为他们越努力试图让他们的孩子坐下来和集中精力，越适得其反，孩子们则跟他们争吵，感到不安。为了让自己的孩子就范，他们会威胁、教训或取消孩子的某些特权。但是，这样做并不能让孩子乖乖听话，结果反而更加糟糕。

孩子跟父母争论，焦躁不安，或干脆走掉，表明他们想反抗或逃离，因为孩子在潜意识里是担心的。而他们外在的表现则是无聊或蔑视父母。但是，在内心深处，也许孩子本人没有意识到，他是在害怕自己不会做功课，犯错误，或者做得比同学差。孩子分泌了过多的肾上腺素。父母对孩子的威胁只会使孩子分泌出更多的肾上腺素，从而离开注意力专区，孩子会感到不堪重负，从而导致教育效果适得其反。

第二节　注意力的品质

注意力作为心理活动的调节机制在近代心理学发展的初期已受到重视，许多心理学家都把注意力作为知觉的一个基本方面进行过研究。注意力分为注意的广度、注意的稳定性、注意的分配和注意的转移，它们反映了注意的发展水平。

一、注意的广度

注意的广度是指在同一时间内人能清楚地把握对象的数量，也称注意的范围。如有人逐字逐句地阅读，有人则能一目十行，这种差异和人的实践、知识经验有关。足球运动员的注意只盯在腾空的足球上，才能踢出符合战术要求的球来战胜对手。在 0.1 秒的时间内，人眼只能知觉对象一次，这段时间人能知觉到的客体的数量就是这个人的注意广度。注意广度研究是心理学中最早进行实验研究的问题之一。汉密顿曾在 1830 年做过一个示范性实验。他在地上撒了一把小石子，让被试在一刹那的时间里辨认数目。结果发现，被试很难看清 6 个以上的石子。研究表明，在 0.1 秒的时间内，成人一般能辨清 8~9 个黑色圆点，注意到 4~6 个没有联系的外文字母，3~4 个几何图形，4~5 个没有联系的汉字。这说明信息量越大，注意广度越小；信息量越小，注意广度越大。

影响注意广度的因素有：

1. 知觉对象的特点

研究表明，知觉的对象越集中，排列得越有规律，越能成为相互联系的整体，注意的范围也就越大。例如，对同样颜色的字母的注意范围一般要比对颜色不同的字母的注意范围大，对排列成一行的字母要比分散在各个角落上的字母的注意广度大，对大小相同的字母感知的数量要比对不同字母感知的数量大得多，对组成词的字母所注意的范围要比对孤立的字母所能注意的范围大得多，有规律排列的信息比杂乱无章的信息注意广度大。

2. 个人的活动任务和知识经验

在知觉相同对象的情况下，注意的广度大小会随着活动任务的改变而有所改变。用速示器呈现一定数目的字母，单纯要求被试报告字母数量比同时要求其指出哪个字母有错时注意范围大一些。因为在这种情况下，被试需要注意细节，作业难度加大导致注意范围变小。另外，个体的知识经验越丰富，对知觉对象越熟悉，注意的广度也越大。

二、注意的稳定性

注意的稳定性即注意保持在感受某种事物或从事某种活动上的时间特性。狭义的注意稳定性是指注意保持在感受某种事物上的时间。人在感受某种事物时，注意很难长时间地保持固定不变。如果把一只表放在离人一定距离的地方，使他刚好能听到表的滴答声，被试会时而听到表的声音，时而听不到；或者感受到表的声音时而强、时而弱。注意的这种周期性变化称为注意的起伏。在知觉"双关图"时可以明显地觉察到注意的起伏现象

注意起伏的一次周期可以分为一个正时相和一个负时相。正时相表现为感受性提高，负时相表现为感受性降低。起伏的速度在人与人之间，或同一个人在不同情况下都有很大的差异，一般每次起伏的周期平均约为 8~10 秒。注意的起伏与感觉器官的适应有关。现代神经

生理学家提出新的假设，把注意的起伏和有机体一系列的功能变化联系起来，认为是动脉血压、呼吸的节律性、一定类型神经元节律性的功能作用等。

广义的注意稳定性是指注意保持在某种活动上的时间。它并不意味着注意总是指向于同一对象，而是注意的对象或行动有所变化，人对整个活动仍保持着注意。例如，在学生上课过程中，可能既要听讲，又要看黑板、记笔记等，但注意始终保持在上课这一活动上。

同注意稳定性相反的状态是注意的分散。注意的分散是由无关刺激的干扰或由单调刺激的长期作用而引起的"分心""走神"现象。无关刺激对注意干扰作用的大小，决定于刺激的特点与注意对象的关系。实验证明，与注意对象相类似的刺激比非类似的刺激干扰作用更大；同样的无关刺激，对知觉的影响小，对思维的影响大；在知觉过程中，视知觉受无关刺激影响小，听知觉受无关刺激影响大。此外，使人发生兴趣的或强烈地影响着情绪的刺激也会引起注意的分散。但这并不是说任何附加刺激都会引起注意分散，相反，隔绝外界的一切附加刺激，要想保持稳定注意也是很困难的。因为缺乏外界刺激，大脑皮层难以维持较高水平的兴奋，要保持注意就非常困难。所以，有时微弱的附加刺激不但不会减弱注意，反而会加强注意。

三、注意的分配

注意的分配即人在同一时间内能把注意指向于不同的对象。它常表现在同时进行两种或两种以上的有关活动中，也就是"一心多用"问题。例如，汽车司机一边开车一边注意路上行人、交通信号等情况；钢琴家弹奏时右手奏主旋律，左手伴奏；接线员一边听电话、作记录，一边回答问题等均是同时进行的。这些都是日常生活中经常见到的现象，说明注意分配对人的实践活动既是必要的，也是可能的。

研究表明，注意分配是有条件的，它取决于同时进行的若干活动的性质、复杂程度及人对活动的熟悉程度等。

1. 在所进行的多种活动中必须有一种活动达到自动化或部分自动化的程度。

自动化或部分自动化的活动不需要很多注意就能进行，这样我们就可以把大部分的注意集中到比较生疏的活动上去，使两种或两种以上的活动得以同时进行。例如，学生上课边听边记，这是因为他们记笔记已经很熟练了，可以把注意中心集中在听课上。

2. 同时进行的几种活动之间有密切关系。

如果多种活动之间毫无关系，要同时进行这些活动是很困难的；但如果通过练习，在它们之间形成了某种反应系统，则同时进行这些活动就比较容易。

四、注意的转移

注意的转移是指根据新任务的需要，人主动地把注意从一个对象转移到另一个对象或由一种活动转移到另一种活动。这是注意的动力特征，也是注意灵活性的表现。青少年在学校里能较好地完成学习任务，是和他们能根据课表安排有计划地组织注意的转移，及时把注意稳定在新的科目或新任务上有密切的关系。否则，很难顺利、高质量地完成学习任务。

注意的转移不同于注意的分散。虽然二者都是注意对象的变换，但注意的转移是根据实际需要有目的地把注意转向新的对象，使一种活动任务合理地被另一种活动任务所代替，注意的分散则是在需要集中注意时，因受无关刺激的干扰或由单调刺激所引起，使注意离开所要注意的对象。转移是注意的优良品质，分散是注意的不良品质。

影响注意转移的快慢和难易的因素有：

1. 原来注意紧张度和活动的性质

原来从事的活动吸引力越强，紧张程度越高，新活动越不符合引起注意的条件则转移越困难。反之，如果新的活动对象非常符合人们的需要和兴趣，即使原来的活动注意紧张度高也能比较迅速且顺利地实现转移。

2. 个人神经过程的灵活性

神经过程灵活性高的人转移注意目标很快，反之则慢一些。例如，多血质的人往往较适合于从事公关工作或窗口职业，原因即在于他们反应比较灵活。

3. 个体的自我控制能力

自我控制能力强的人善于自觉地调整自己的态度，主动及时地进行注意的转移；而自我控制能力差的人则常常受自己兴趣、情绪的左右，不能主动地转移注意。

注意的转移与分配联系密切。注意中心转移之后，必然出现新的注意分配情况。严格意义上讲，注意的分配是很不容易做到的，在多数情况下只是注意的迅速转移。但从总体上来看，注意的转移常常被人看作注意的分配。如一个训练有素的飞行员在起飞和降落的 5~6 分钟内，注意转移多达 200 多次。

五、良好注意品质的培养

很多同学都有因注意力不能集中而苦恼的经历。他们在上课、写作业或复习功课时，总是不能专心致志，过不了几分钟思想便不知飞到哪儿去了。因此，虽然他们学习努力，上进心强，脑子也不笨，可学习成绩却怎么也上不去。

心理学的研究表明，学生注意力涣散是影响学生学习成绩的重要心理因素。青年人由于好奇、好动等特点，易造成注意力不集中，既影响学习效果，又影响个人情绪，造成不必要的烦恼、不安。学习较差生大多伴随着注意力不能集中的心理、行为问题，导致思维不深入，观察力不细致，记忆不精确，学习成绩不理想。造成学习时注意力不集中的原因多种多样，大致可分成 4 种情况：第一，对学习的目的、意义认识不足或对所学内容的意义认识不足，学习目的不明确，缺乏学习兴趣和责任心；第二，受外界环境的干扰，如嗓声，偶然事件，新、奇、特等刺激的影响；第三，身体因素，包括饥渴、疲劳、生病等；第四，心理不适或有障碍，如悲观、焦虑、烦躁等均可导致注意力涣散。

下面介绍几种具体的培养集中注意力的方法：

1. 自我暗示法

即学习时用自言自语的方式提醒自己："集中注意"、"不要分心"、"努力听讲"；也可以找几张小卡片，上面写着"专心听讲"、"不要走神儿"、"少壮不努力，老大徒伤悲"等句子，然后把它们放到你平时容易看见的地方，如铅笔盒里，或贴在家里书桌前的墙上，或夹在课本里。这样，无论你上课听讲还是回家写作业，只要一看到它们，就会提醒自己"别走神儿呀！"自我暗示能够激发内在心理潜力，调动心理活动积极性，有助于注意力集中，克服注意涣散。

2. 情境想象法

无论多么爱走神儿的学生，当参加重要的考试或竞赛时，他也会尽可能地集中注意作答、发挥出最佳水平。同样，在每次做作业时想象自己是在参加某次大考或竞赛，要在规定的时间内做完，提高单位时间内的效率，这样可以使自己真正紧张起来，注意力就自然集中了。正如著名数学家杨乐所说："平时做作业像考试一样认真，考试时就能像做作业一样轻松。"

3. 培养间接兴趣

无意注意由直接兴趣（对活动本身感兴趣）引起，有意注意由间接兴趣（对活动目的、意义感兴趣）激发，因而间接兴趣对学生注意力发展具有重要作用。间接兴趣的培养，一要树立远大理想，明确自己的努力方向或奋斗目标；二要激发好奇心和求知欲，对所学知识保持浓厚的探究欲望；三要树立正确的学习动机，为自己未来的发展、为祖国的繁荣富强而努力学习，用理想的目标激励鼓舞自己。

4. 记录法

给自己准备一个小本子，专门用来记录走神儿的内容。比如，今天政治课中你想起昨天看过的娱乐新闻，那么应在本子上记录："政治课——娱乐新闻——约一分钟半"……如此记录几天以后，你从头至尾认真看一遍，一方面你会发现自己胡思乱想的内容究竟有哪些，找到容易分散自己注意的有关刺激，然后有针对性地回避这些刺激。另一方面要充分认识到它的不良后果，浪费宝贵时间，干扰学习过程。这样坚持一段时间，"走神儿"就会转变。

5. 自我奖惩法

每次写作业或复习功课之前，先给自己定一个时间表，从几点几分到几点几分要完成什么内容，将自己的工作量化，越具体越好。如果在规定时间完成了学习计划，且始终是专心致志的，就可以奖励一下自己：看会儿电视或听一下音乐；相反，如果由于分神而使计划落空，那你就该毫不留情地惩罚自己做不愿做的事，如干杂活或跑楼梯等。这样长此以往，你就会为得到奖励、避免惩罚而渐渐养成集中注意力去学习的良好习惯。

6. 训练听课技巧

有意注意是一种复杂的脑力劳动，时间长了会引起大脑疲劳，导致注意分心。训练听课技巧，一是要求学习者作好课前预习，了解老师讲课的重点、难点；二是听课时根据老师讲课的进度，调整听课心理状态，重点问题集中精力，次要问题适度放松；三是带着问题听讲，可以有意识地寻找问题，发现异点，激发听课兴趣；四是努力追寻老师讲课的思路，找出自己的疑难点，及时提问。

此外，排除学习时的干扰因素也是非常重要的。首先，应该选择一个安静、舒适、熟悉的学习环境，避免接受新异刺激。其次，学习过程中应自觉排除诸如声音、景物、意外事情等因素。再次，要注意劳逸结合，合理安排学习时间。闻一多曾说过："要玩就玩个痛快，要学就学个踏实。"列宁有一句名言："不会休息的人就不会工作。"第四，要有强大的信念，学习信念愈坚强，任何与学习无关的因素都可以"视而不见，听而无闻。"

第三节　开发注意力的心理策略

一位心理学家做过实验。将被试者分为 3 组。第一、二组在同样音响的环境中做数学运算，第三组则在安静的环境里做同样的运算。实验前，他告诉第一组，音响会使工作效率降低，而告诉第二组会使效率提高。结果，第一组真的效率降低，而第二组不受影响，与第三组成绩相仿。

这个实验表明心理因素的作用，往往比噪声本身更大。

　　所以要克服心理性噪声对学习的干扰，就必须明白噪声不会有什么妨碍，不必去理会它。这样你的急躁情绪就会减少，逐渐安静下来。

　　对抗这类精神干扰的方法之一，必须先了解自己的学习时钟，并据此规划学习时间。我们每个人都有自己的习惯，在一天中的某些特定时间做事效率最高。找出你的学习时钟属于哪一种，并安排这段时间内的工作（大部分人的活动高峰时间是在上午时段，下午之后就明显下降）。

　　不过，这不是放之四海而皆准的答案，即使你一切依表行事，所需的资料都准备齐全，日行事历也把一整盒彩色笔的颜色都用上了，你还是发现自己两眼盯着窗户，想着某个男孩或某个女孩、某个周末、某次旅游、某个节目，或只是看着阳光在水面反射的样子。生活就是这样，你要怎么办呢？

　　还有一种无形的催促声音要你打扫房子，自愿帮妹妹做功课等，换句话说，就是想尽办法避免做自己功课的心理。如果你发现你放着自己的功课不做，而去做别的事，就立刻休息一下，或者和自己合作，静下心来工作。自律也是一种愈练习愈容易的学习习惯。

　　你可以暂时丢掉时间表，奖励一下自己，出去躺在草地上悠哉一下。但为什么要等到警报器响了，告诉你要休息，才迫使你浪费宝贵的时间去挽回注意力呢？如果你最后屈服了，又不值得！为什么不把"奖赏时间"列入正常时间表之中？

　　此外，我们错误的理念经常会干扰我们的学习。有人嘴里说该休息了，可眼睛却依然盯着书本不放，这是最无效的休息方式。该休息时便完全放松地休息，对于消除疲劳最有效。前半段休息对解除疲劳有很大意义，到后来，休息的效果就逐次减低。因此，当我们决定休息时，就应该把一切事情都搁下，让身心呈现一种完全放松的状态。如果将学习的余波带入休息时间内，休息的真正效果便无法完全发挥了。

休息并不需要太长的时间，只要做到在休息时真正完全地休息，就算达到了休息的目的——"休息是为了走更长远的路"。

每次学习的时间不宜太长。例如学校里，上课 50 分钟，休息 10 分钟。将休息的时间分段穿插在其中，就不会产生疲劳厌倦感。

在正常情况下，注意力使我们的心理活动朝向某一事物，有选择地接受某些信息，而抑制其他活动和其他信息，并集中全部的心理能量用于所指向的事物。因而，良好的注意力会提高我们工作与学习的效率。注意力障碍，主要表现为无法将心理活动指向某一具体事物，或无法将全部精力集中到这一事物上来，同时无法抑制对无关事物的注意。造成这种情况的原因比较复杂，许多较严重的心理障碍都可以引起注意力障碍。而对于学生来说，主要是由于学习负担重，心理压力过大，而造成高度的紧张和焦虑，从而导致注意力无法集中的障碍。另外，睡眠不足，大脑得不到充分休息，也可能出现注意力涣散的情况。

因此，当你因注意力无法集中而影响学习，倍感苦恼时，不妨采用以下方法来矫治：

养成良好的睡眠习惯

一些同学因学习负担重，因此，一到晚上便贪黑熬夜，有的同学甚至在宿舍打电筒读书，学到深夜；有的同学不能按时睡眠，在宿舍和同学闲聊等等。结果早晨不能按时起床，即便勉强起来，头脑也是昏沉沉的，一整天都打不起精神，有的甚至在课堂上伏桌睡觉。作为学生，主要的学习任务要在白天完成，白天无精打采，必然效率低下。所以，如果你是"夜猫子"型的，奉劝你学学"百灵鸟"，按时睡觉按时起床，养足精神，提高白天的学习效率。

学会自我减压

高中学生的学习任务本来就很重，老师、家长的期望，又给同学们心理加上一道砝码；一些同学自己对成绩、考试等看得很重，无异是自己给自己加压，必然不堪重负，变得疲惫、紧张和烦躁，心理上难得片刻宁静。因此，我们要学会自我减压，别把成绩的好坏看得太重。一分耕耘，一分收获，只要我们平日努力了，付出了，必然会有好的回报，又何必让忧虑占据心头，去自寻烦恼呢？

做些放松训练

舒适地坐在椅子上或躺在床上，然后向身体的各部位传递休息的信息。先从左脚开始，使脚部肌肉绷紧，然后松弛，同时暗示它休息，随后命令脚脖子、小腿、膝盖、大腿，一直到躯干部休息，之后，再从脚到躯干，然后从左右手放松到躯干。这时，再从躯干开始到颈部、到头部、脸部全部放松。这种放松训练的技术，需要反复练习才能较好地掌握，而一旦你掌握了这种技术，会使你在短短的几分钟内达到轻松平静的状态。

做些集中注意力的训练

我国数学家杨乐、张广厚，小时候都曾采用快速做习题的办法，严格训练自己集中注意力。这里给大家介绍一种在心理学中用来锻炼注意力的小游戏。在一张有 25 个小方格的表中，将 1～25 的数字打乱顺序，填写在里面，然后以最快的速度从 1 数到 25，要边读边指出，同时计时。

研究表明：7～8 岁儿童按顺序导找每张图表上的数字的时间是 30～50 秒，平均 40～42 秒；正常成年人看一张图表的时间大约是 25～30 秒，有些人可以缩短到十几秒。你可以自己多制作几张这样的训练表，每天训练一遍，相信你的注意力水平一定会逐步提高。

注意力的集中作为一种特殊的素质和能力，需要通过训练来获得。那么，训练自己注意力、提高自己专心致志素质的方法有哪些呢？

方法之一：运用积极目标的力量

这种方法的含义是什么？就是当你给自己设定了一个要自觉提高自己注意力和专心能力的目标时，你就会发现，你在非常短的时间内，集中注意力这种能力有了迅速的发展和变化。

同学们要在训练中要有一个目标，就是从现在开始我比过去善于集中注意力。不论做任何事情，一旦进入，能够迅速地不受干扰。这是非常重要的。比如，你今天如果对自己有这个要求，我要在高度注意力集中的情况下，将这一讲的内容基本上一次都记忆下来。当你有了这样一个训练目标时，你的注意力本身就会高度集中，你就会排除干扰。

同学们知道，在军事上把兵力漫无目的地分散开，被敌人各个围歼，是败军之将。这与我们在学习、工作和事业中一样，将自己的精力漫无目标地散漫一片，永远是一个失败的人物。学会在需要的任何时候将自己的力量集中起来，注意力集中起来，这是一个成功者的品质。

方法之二：培养对专心素质的兴趣

有了这种兴趣，你们就会给自己设置很多训练的科目，训练的方式，训练的手段。你们就会在很短的时间内，甚至完全有可能通过一个暑期的自我训练，发现自己和书上所倡导的一样，有了令人称赞的注意力集中的能力。

同学们在休息和玩耍中可以散漫自在，一旦开始做一件事情，如何迅速集中自己的注意力，这是一个才能。就像一个军事家迅速集中自己的兵力，在一个点上歼灭敌人，这是军事天才。我们知道，在军事上，要集中自己的兵力而不被敌人觉察，要战胜各种空间、地理、时间的困难，要战胜军队的疲劳状态，要调动方方面面的因素，需要各种集中兵力的具体手段。同学们集中自己的精力、注意力，也要掌握各种各样的手段。这些都值得探讨，是很有兴趣的事情。

方法之三：要有对专心素质的自信

千万不要受自己和他人的不良暗示。有的家长从小就说孩子注意力不集中。在很多场合都听到家长说他的孩子上课时精力不集中。有的同学自己可能也这样认为。不要这样认为，因为这种状态可以改变。

如果你现在比较善于集中注意力，那么，肯定那些天才在这方面还有值得你学习的地方，你还有不及他们的差距，你就要想办法超过他们。

对于绝大多数同学，只要你有这个自信心，相信自己可以具备迅速提高注意力集中的能力，能够掌握专心这样一种方法，就能具备这种素质。我们都是正常人、健康人。只要我们下定决心，不受干扰，排除干扰，我们肯定可以做到高度地注意力集中。希望同学们对自己实行训练。经过这样的训练，能够来一个飞跃。

方法之四：善于排除外界干扰

要在排除干扰中训练排除干扰的能力。毛泽东在年轻的时候为了训练自己注意力集中的能力，曾经给自己立下这样一个训练科目，到城门洞里、车水马龙之处读书。为了什么？就是为了训练自己的抗干扰能力。同学们一定知道，一些优秀的军事家在炮火连天的情况下，依然能够非常沉静地、注意力高度集中地在指挥中心判断战略战术的选择和取向。生死的危险就悬在头上，可是还要能够排除这种威胁对你的干扰，来判断军事上如何部署。这种抗拒环境干扰的能力，是十分难能可贵的。

我在你们这么大的年纪时曾有意做过这种训练，就是不管环境多么嘈杂，当我进入我要阅读和学习的科目时，对周围的一切因素置若罔闻。这是可以训练成功的。

方法之五：善于排除内心的干扰

在这里要排除的不是环境的干扰，而是内心的干扰。环境可能很安静，在课堂上，周围的同学都坐得很好，但是，自己内心可能有一种骚动，有一种干扰自己的情绪活动，有一种与学习不相关的兴奋。对各种各样的情绪活动，要善于将它们放下来，予以排除。这时候，同学们要学会将自己的身体坐端正，将身体放松下来，将整个面部表情放松下来，也就是将内心各种情绪的干扰随同这个身体的放松都放到一边。常常内心的干扰比环境的干扰更严重。

　　同学们可以想一下，在课堂上，为什么有的同学能够始终注意力集中，有的同学注意力不能集中呢？除了有没有学习的目标、兴趣和自信之外，还有一个就是善于不善于排除自己内心的干扰。有的时候并不是周围的同学在骚扰你，而是你自己心头有各种各样浮光掠影的东西。要去除它们，这个能力是要训练的。如果你就是想浑、糊涂、庸俗过一生，乃至到了30岁还要靠父母养活，或者你就是想混世一生，那你可以不训练这个。但是，如果你确实想做一个自己也很满意的现代人，就要具备这种事到临头能够集中自己注意力的素质和能力，善于在各种环境中不但能够排除环境的干扰，同时能够排除自己内心的干扰。

　　方法之六：节奏分明，张弛有道。

　　同学们千万不要这样学习：我这一天就是复习功课，然后，从早晨开始就好像在复习功课，书一直在手边，但是效率很低，同时一会儿干干这个，一会儿干干那个。一天就这样过去了，休息也没有休息好，玩也没玩好，学习也没有什么成效。或者，你一大早到公园念外语，坐了一个小时或两个小时，散散漫漫，说念也念了，说不念也跟没念差不多，没有记住多少东西。这叫学习和休息、劳和逸的节奏不分明。正确的态度要分明。那就是我从现在开始，集中一小时的精力，比如背诵80个英语单词，看我能不能背诵下来。高度地集中注意力，尝试着一定把这些单词记下来。学习完了，再休息，再玩耍。当需要再次进入学习的时候，又能高度集中注意力。这叫张弛有道。一定要训练这个能力。永远不要熬时间，永远不要折磨自己。一定要善于在短时间内一下把注意力集中，高效率地学习。要这样训练自己：安静的时候，像一棵树；行动的时候，像闪电雷霆；休息的时候，流水一样散漫；学习的时候，却像军事上实施进攻一样集中优势兵力。这样的训练才能使自己越来越具备注意力集中的能力。

方法之七：空间清静

这个方法非常简单，当你在家中复习功课或学习时，要将书桌上与你此时学习内容无关的其他书籍、物品全部清走。在你的视野中，只有你现在要学习的科目。这种空间上的处理，是你训练自己注意力集中的最初阶段的一个必要手段。同学们常常会发现这样生动的场面，你坐在桌子前，想学数学了，这儿有一张报纸，本来是垫在书底下的，上面有些新闻，你止不住就看开了，看了半天，才知道我是来学数学的。一张报纸就把你牵挂走了。或者本来你是要学习的，桌子一角的小电视还开着呢，看着看着，从数学王国出去了，到了张学友那儿了。这是完全可能的。甚至可能是一个小纸片，上面写着什么字，看着看着又想起一件事情。

所以，作为训练自己注意力的最初阶段，做一件事情之前，首先要清除书桌上全部无关的东西。然后，使自己迅速进入主题。如果你能够做到一分钟之内没有杂念，进入主题，你就了不起。如果你半分钟就能进入主题，就更了不起。如果你一坐在那里，10 秒、5 秒，当下就进入，那就是天才，那就是效率。有的人说，自己复习功课用了 4 小时，其实那 4 小时大多是在散漫中、低效率中度过的。反之，你开始学习，一坐在那里，与此无关的全部内容置之脑外，这就是高效率。

方法之八：清理大脑

收拾书桌是为了用视野中的清理集中自己的注意力，那么，你同时也可以清理自己的大脑。你经常收拾书桌，慢慢就会有一个形象的类比，觉得自己的大脑也像一个书桌一样。

大脑是一个屏幕，那里面也堆放着很多东西，一上来，将在自己心头此时此刻浮光掠影活动的各种无关的情绪、思绪和信息收掉，在大脑中就留下你现在要进行的科目，就像收拾你的桌子一样。

同学们，这样的训练希望你们从今天开始就要做，它并不困难。当你将思想中的所有杂念都去除的时候，一瞬间你就进入了专一的主题，你的大脑就充分调动起来，你才有才智，你才有发明，你才有创造，你才有观察的能力、记忆的能力、逻辑推理的能力和想象的能力。如果不是这样，你坐在那里，10 分钟之内脑袋瓜里还是车水马龙，还是风马牛不相及，还是天南海北，那么这 10 分钟是被浪费掉的。再有10 分钟，不是车水马龙了，但依然是熙熙攘攘的街道，又 10 分钟过去了。到最后学习开始了，难免三心二意，效率很低。这种状态我们以后不能再要了，要善于迅速进入自己专心的主题。

方法之九：对感官的专心训练

我们讲了清理自己的书桌，其实更广义说，我们可以进行视觉、听觉、感觉方方面面的类似训练。同学们可以训练自己在视觉中一个时间内盯视一个目标，而不被其他的图像所转移。你们可以训练在一段时间内虽然有万千种声音，但是你们集中聆听一种声音。你们也可以在整个世界中只感觉太阳的存在或者只感觉月亮的存在，或者只感觉周围空气的温度。这种感觉上的专心训练是进行注意力训练的有用的技术手段。

方法之十：不在难点上停留

同学们都会意识到，当我们去探究、观察理解的事物、有兴趣的事物时，就比较容易集中注意力。比如说我喜欢数学，数学课就比较容易集中注意力，因为我理解，又比较有兴趣。反之，因为我不太喜欢化学，缺乏兴趣，对老师讲的课又缺乏足够的理解，就有可能注意力分散。

在这种情况下，我们就有了正反两个方面的对策。正的对策是，我们要利用自己的理解力、利用自己的兴趣集中自己的注意力。而对那些自己还缺乏理解、缺乏兴趣的事物，当我们必须研究它、学习它时，这一个特别艰难的训练。

　　首先，同学们听老师讲课的过程中，出现任何不理解的环节，你不要在这个环节上停留。这一点不懂，没关系，接着听老师往下讲课。你在研究一个事物的时候，这个问题你不太理解，不要紧，你接着往下研究。你读一本书的时候，这个点不太理解，你做了努力还不太理解，没关系，放下来，接着往下阅读。千万不要被前几页的难点挡住，对整本书望而却步。实际上，在你往下阅读的过程中可能会发现，后边大部分内容你都能理解。前边这几页你所谓不理解的东西，你慢慢也会理解。

　　如果你对这些内容还缺乏兴趣，而你有必要去研究它和学习它，那么，你就要这样想：兴趣是在学习、掌握和实践的过程中逐步培养的。

　　当你在进入精神专注的"神驰"境界后，对于学习会产生较愉悦的态度，进而能在最单纯的乐趣下获致最高的效率。要进入"神驰"境界的方法很多，其中之一就是集中你的注意力。

　　因为全神专注才能暂时抛弃身边的烦恼与杂念，并能引导我们获得愉快、正面的心情，同时降低对事物的恐惧与焦虑。再者，这种愉悦、正面的心情会促进大脑分泌内啡肽，脑内啡肽会让我们产生更积极、幸福的感觉，也就是启动了胜利循环。

第五章　思维力

第一节　思维力与成功

一、思维的力量

一位成功学大师应邀到一所大学为即将毕业的学生开励志讲座。结果，这位大师什么也没讲，只是给每位学生分发了一张试卷。偌大的试卷上却只有一条题目：装满水的浴缸，旁边放一把汤匙和一把舀勺，要求把浴缸腾空，你选择的方法是什么？台下议论纷纷，不少人甚至面露鄙夷与不屑。很快，试卷都收集到了大师的面前，大师还是一言不发，也不管下面乱哄哄的嘈杂之声，只是默默地一张张翻看着试卷，但表情始终淡漠。

大约 5 分钟后，他示意大家安静，然后郑重宣布："其实，答案很简单，只需直接把浴缸底部的塞子拔掉就可以了！"会场里顿时一片哗然，几乎所有的人都傻眼了，因为他们都不假思索地选择了用舀勺去腾空浴缸，毕竟，舀勺理所当然比汤匙大多了。

沉默片刻后，大师终于面露一丝喜色，说："值得庆幸与高兴的是，有一个人答对了，恭喜你！"大家面面相觑，不知道是谁？但还是报以了雷鸣般的掌声。

鹤立鸡群，这个能唯一写出正确答案的人，就是后来匈牙利著名的物理学家卡恩·瑞成森。

很多时候，对于成功者来说，方法就是新的世界。最重要的并不是知识，而是思维。

有一则故事是这样说的：有一天，两个和尚结伴从一座庙走到另一座庙去。走到半路，突然被一条河挡住了去路。这条河上没有桥，水并不太深，他们决定涉水而过。

正在这时，一位美貌的妇人也来到河边。她说有急事必须过河，可是又怕河水把她冲走。

第一个和尚见此情景，毫不犹豫地背起妇人，涉水过河，把她安全地送到了对岸。第二个和尚跟在后面也顺利地过了河。

两个和尚默不作声地继续赶路。

又走了好几里路，第二个和尚终于憋不住了，突然对第一个和尚说："师兄，我们和尚绝不能近女色的。刚才你为何犯戒背着那个妇人过河呢？"

第一个和尚淡淡地回答："我一过河就把她放下来了，怎么你走了好几里路，到现在还背着她呢？"

一位哲人告诉我们：做人做事不要轻易就被一个成规束缚住了。墨守成规是前进的绊脚石。真正成功的人，本质上流着叛逆的血。

创新思维是创新实践的前提和基础。不少人想问题、办事情习惯于本本上有框框，上头有条条，别人有样子，过去有套路。否则，就不敢想、不敢思、不敢为。有的虽然也想创新，但往往是说在嘴上，写在文件上，不能见诸实践，走的还是老路。

人类的力量来自什么地方呢？

与动物相比，人类的肢体构造并没有什么特别优越的地方：人的手掌，比不上虎豹的利爪；人的眼睛，比不上鹰隼眼睛的锐利；人的双脚，追不上奔跑的麋鹿；人的耳朵，听不见许多小动物都能感知的超声波……用生物学家的话来说，人的每一种生理器官都不具有"特异性"，即都不是用来专门做某一件事情的；人的器官似乎适合做任何事情，因而任何事情都做得不是十分好，至少与某些动物相比是如此。这种生理器官的"非特异性"为人类的发展和进化提供了无穷的可能性，但是，如果仅仅依靠这些平常的器官，不用说征服自然，就连人类自身的生存，也会遇到很大的困难。很显然，人类的神奇力量并非来自肢体，而是来自头脑，来自人类头脑所独有的思维功能。

的确如此，人类利用思维的力量，看到天然的森林大火而想到保存火种，进而钻木取火；利用思维的力量，人类只需挖一个陷阱，在陷阱口上盖些茅草，便能让最凶猛的野兽束手就擒；利用思维的力量，人类首先在头脑中设计出千万种自然界并不存在的奇妙玩意儿，并把这些玩意儿变成实实在在的东西，才得以把整个地球折腾得天翻地覆……

每个人都渴望成功，有很多人每时每刻都在为寻找成功的捷径而绞尽脑汁，并付出了艰辛的努力。但是，我们又不得不承认，在现实生活中，成功却往往属于少数人，而多数人则与成功无缘。究其原因固然很多，但有无好的创意则是成功与否的分水岭。这样的例子俯拾皆是。

日本有一个家庭妇女，只不过在废弃的旧罐头里放些土，并撒下花籽，拌上复合肥料，使那些爱花又较懒的外行每天在上面浇点水，日后便可尝到摆弄花草的乐趣。她开发的这项产品销路很好，当年就获利 2000 万日元。

英国一位 70 岁老人在电视上看到主持人摊开地图介绍地球，他觉得这样很不方便，且又不直观。于是，他便着手发明地球仪。有些眉目时就打广告，不久订单便雪片似的从世界各地飞来，一年营业额高达 1400 万英镑。

西铁城手表的质量是令世人有目共睹的，但早期的销路却不尽人意。后来有位年轻的销售人员给公司出了一个绝妙的主意，那就是从飞机上往下扔手表，由此引来了成千上万的人前来拾表和观看，就这个新颖而又独特的广告创意，便使该产品誉满天下，畅销全球。

同样在我国，有家橘子罐头厂的技术人员在逛市场时，发现鱼头比鱼身贵，鸡爪比鸡肉贵。他由此想到厂里每年都要遗弃大量的橘子皮，是不是可以废物利用、创造新的价值呢？于是，他广泛收集资料，了解到橘皮中含有丰富的维生素，且橘络中含有大量食物纤维，有理气消滞、增进食欲等功效。他经过几个月的技术攻关，研制开发出了珍珠陈皮罐头，每瓶卖到了 30 多元，是橘子罐头价格的 10 余倍。

通过上面这些事例，我们可以看到：成功与学历背景，社会地位，以及年龄大小都无必然联系。它只青睐一个个新颖奇特的好创意。其实，只有要你拥有善于发现的眼睛，并且让自己的思维时刻保持旺盛的生命力，抓住创意思维这根神奇的缰绳，那么成功之日就离你不远了。

同样的竞争市场，同样的勇气，同样的资历，还有同样跃跃欲试的梦想。有时，你比成功者缺少的，就是那么一点小小的创意。看看他们的第一步，你会发现，最大的财富，或许就在你的头脑里沉睡。近年来，美国频频出现小富翁，从他们的成功中，我们或许能得到一些启示：

21 岁的里奇·斯塔舍夫斯基，是加利福尼亚州的一位百万富翁。他 10 岁时跟着父母去夏威夷度假。在潜水时，他发现了一只大海龟，想让爸爸也看看，但无论怎么喊，爸爸都没听见。斯塔舍夫斯基非常恼火。当他回到加利福尼亚的家中，便潜心研制水中对讲机。两个星期后，水中对讲机诞生。一家大型玩具公司一次订购了 5 万件。看到水中对讲机有这么大的市场，斯塔舍夫斯基便注册了一家公司。后来，他又有 8 项此类发明，给他带来了 100 多万美元的收益。

16 岁的卡米尔·温布什是个小有名气的童星。从 2 岁起，她就经常出现在荧屏上。在著名的电视喜剧节目《伯尼·麦克秀》中，卡米尔常有精彩表演。演戏给她带来了很可观的收入。2003 年，13 岁的卡米尔在洛杉矶东北部的帕萨迪纳市，开了一家名为"烘烤冰"的冷饮店，"招牌菜"是用冰淇淋制成的。开业第一年，冷饮店就为她带来 12 万美元的进账。

1998 年，科罗拉多州的埃莉斯 10 岁时，她和哥哥伊万从银行贷款 5000 美元作为启动资金，建立了一个名为"巧克力农场"的网站，销售她做的巧克力。如今，埃莉斯和伊万麾下已有 40 余名员工，公司年均收益 100 万美元。

怀俄明州的丰克 10 岁时，他和好友席佩尔想去参加夏令营，他们的父母却让他们自己去筹钱。家住农村的丰克想到了收集羊粪，卖给那些有花园的家庭。几年下来，这两位"小老板"卖出了将近 26 吨牲口粪。2004 年，他们的销售额突破了 2 万美元。

2004 年，阿肯色州 15 岁的汉普森，在一个星期内，帮朋友卖掉了一窝小狗，共获利 1200 美元。于是，还在上高中的汉普森便做起了幼犬买卖中介人，收购和销售幼犬。2005 年，汉普森的公司赢利 7 万美元……

美国小富翁的出现，已经成为一种现象。专家在分析这一现象时指出，这些孩子最大的共同点是：敢想敢干，善于思考。这对大人们甚至都有借鉴意义。

没有创造，整个世界就会消沉；没有创造，生活之泉就会干涸；没有创造，生活之树就会枯萎。昨日的事实要在历史的篇章上写下一笔，需要以创造作为浓墨；今天的努力要在人类的史册上画上一笔，需要以创造作为色彩。一项伟大的发明创造，是值得钦佩与赞叹的，但是每项宏伟的创造工程，都是从无数个小创造开始的。谁把轻视的眼光投在点滴的创造上，谁就不会做出点滴的成绩来，他也就会在安于现状中两手空空。

二、成功的条件

成功：成功是赚很多的钱。成功是拥有坚贞的爱情。成功是得到社会的承认……

一个人想要成功，必须具备以下 3 个条件：

1. 先要将梦想写成明确的目标与计划。

2. 融入知识，放进技术，拥有经验与知识。

3. 全力以赴，不要犹疑，立即行动，想到做到。

成功与失败乃生命中的一种意识理念。成功人士并非永恒成功，失败者并非难以成功。成功是一种习惯，失败也是一种习惯。好的习惯替代不好的习惯。成功很简单，认为正确的事情重复地做，做不好还做不差吗？怕就怕的什么都没做，想成功就养成做事的习惯，如此而已。

"失败是成功之母"。这话一点儿都不假，先有失败，而后才会有成功。其实成功离你很近，就在你眼前，只要你努力奋斗、积极进取，不轻易放弃，就会取得成功。相反，如果你不努力，不积极，只是空想，而不俯下身子去做，那么你永远也不会成功。

成功者清楚地了解他做每一件事情的目的。成功者虽重视事情的结果，更重视事情的目的，而目的清楚则有助于达到结果并且享受过程。

成功者作决定迅速果断，若要改变决定，则须深思熟虑。一般人经常在作决定时优柔寡断，决定之后却又轻易更改；成功者之所以能迅速下决定，因为他十分清楚自己的价值层级和信念，了解事情的轻重缓急，因此有系统的处理工作的能力。

成功者设定"每日计划"，在前一天晚上或一早就会把当天要处理的事情全部列出来，并依照重要性分配时间。是管理事情而非管理时间。

成功者面对一件难办的事，首先做出最大的努力，通过不懈努力后一些人成功了。而失败者还没做就说：那事儿根本不行！

苦难对于天才是一块垫脚石，对于能干的人是一笔财富，而对于弱者则是一个万丈深渊。"苦难是人生最好的教育"。伟大的人格经历了熔炼和磨难，潜力才会激发、视野才会开阔、灵魂才会升华、心智才会成熟，才会走向成功，人常说吃得苦中苦，方为人上人。

成功者认为：失败是成功的另一个太阳！不为失败找借口，只为成功找方法。人生可以没有辉煌，但不可以没有创造辉煌的欲望和信心。

在成功与失败的边缘，我们徘徊，我们犹豫，但我们可以用勇气和微笑面对失败，是坚强让我们鼓足勇气，取得胜利！无论成功与失败，我们都应该坦然面对，心如止水，笑对人生。用微笑诠释我们的心情，成功不必得意，失败无须失落。

与其做个有价钱的人，不如做个有价值的人；与其做个忙碌的人，不如做个有效率的人。没有目标的人，永远为有目标的人打工。智者创造机会，强者把握机会，弱者坐等机会。经历过磨难的人，才是最有财富的人。只有想不到，没有做不到。世界没有奇迹，只有关注和聚焦的力度。有理想的地方，地狱就是天堂；有希望的地方，痛苦也是欢乐！一无所有是一种财富，它让穷人产生改变命运的冲动。人因为有理想，梦想而变得伟大，而真正的伟大就是去努力实现理想。

一件事所有人都认为是机会的时候，其实它不是机会了。活鱼会逆流而上，死鱼才随波逐流。怕苦的人苦一辈子，不怕苦的人苦一阵子。生命的价值不在于获得多少，在于付出多少。人不能只有一双美丽的眼睛，应该拥有一双远见而智慧的眼光，要善于看见山那边的财富。

生命中的痛楚可以构成生命的钙质。只有建立内心的价值系统才能把压力变成生命的张力，内心才能有定力去应对外界。根据生命的定律，命运的大门关闭了，"信心"会为你打开另一扇门。想要有所成就，就更应该积极寻找那一扇永远为勇敢的人敞开的门，并且付出你最大的行动和最强的力量。因为成功与失败的区别之处就在于：成功的人善于动手，立即行动！

一个敢于拯救自己的人坚信：心想事成！心不想事难成！思考中若带有坚定的目标和不屈不挠的决心，其力量之大，势不可挡！敢于打造最优质顽强的性格，会让你在人生最关键处受益匪浅，因为性格决定命运。任何失败都能重新启动你的人生方程，胜利永远属于生活的强者！

三、成功者的思维模式

世界上的最成功人士都有一个共同点：他们都有自己独特的思维方式。明智的思维方式是可以改变人们的生活的。

1. 要知道你该把精力投放在什么地方，再利用 80/20 法则把你 80% 的精力用在 20% 最重要的事情上面。要记住，你不可能把精力放在所有的事情上面，人的精力和时间都是有限的，做事要分清轻重缓急。

2. 明智的人愿意接触不同的想法和不同的人，他们愿意将时间花在那些能给自己带来挑战的人身上。

3. 好的想法是一回事，能不能将想法付诸实践是另一回事。

一个好的创意想法的寿命是非常短的。要想让好的创意想法绽放出绚丽的花朵，你必须采取行动，让想法不再仅仅是想法，让想法开花结果。

4. 你的思想不能一成不变，它也需要适时发展，不要停留在你最初的想法层面上。

你也许有过这样的经历：你曾在凌晨两点产生过一个你认为非常棒的想法，但早晨起来后就发现这个想法显得那么愚蠢。想法需要内容对其进行塑造，也需要经得起他人的质疑和时间的考验。

5. 明智的人会选择和明智的人合作。

和明智的人一起思考讨论是能使自己受益匪浅，很多时候它能为你找到成功的捷径，这就是为什么头脑风暴会如此有效的原因。

6. 拒绝那种人云亦云的思维方式，凡事要有自己独到的见解。

很多人都会跟着别人的思维走，要想走出这个怪圈，你必须要有足够的承受力来，因为不随波逐流会给自己带来很大的思想压力。你要知道，总有那么有一群人在按照自己的思维行事，而往往取得成功的也正是那群人。

7. 既要提前规划，也要为自己留一点缓冲调整空间。

凡事要都战略性的长远眼光，学会如何提前规划。如果你对自己的目标定位非常模糊，那么你很有可能会一事无成。要想做到这一点，你需要做到：对问题进行分析；问问自己为什么这个问题需要解决；弄清主要问题是什么；对自己的资源进行重新评估。

8. 要想欣赏别人的想法，你必须尊重别人的想法。

你的想法不可能永远都是对的，学着给别人的想法一个机会。

9. 进行内省式思考能提升你在决策过程中的自信和筹码。

苏格拉底就曾说过："没有经过内省式思考的生活是没有任何意义的。"

10. 不能总对自己说一些灰心丧气的话，成功者往往会这样想：我行！我可以！

明智的人看到的一般都不是不足和局限，他们看到的往往是成功的可能性。

第二节　思维力的品质

思维品质反映了每个个体智力或思维水平的差异，主要包括以下几个 5 个方面。

一、思维的敏捷性

思维的敏捷性是指思维过程的速度或迅速程度。思维敏捷是指人们在短时间内当机立断地根据具体情况作出决定，迅速解决问题的思维品质。古人所谓"眉头一皱，计上心来"，便是思维敏捷的一种表现。在日常生活和工作中，有的人遇事胸有成竹，善于迅速作出判断，但又不流于匆忙草率；有的人遇事优柔寡断，或草率行事。

二、思维的灵活性

思维的灵活性是指思考问题、解决问题的随机应变程度。思维灵活的具体表现是，在当问题的情况与条件发生变化时，思维能够打破旧框框，提出新办法。这一品质与思维的敏捷性联系密切，可以说，没有敏捷性，就没有灵活性。在工作、学习、生活中，有的人遇事足智多谋，善于随机应变；而有的人脑筋僵化，墨守成规。例如，有的学生在解题时，不喜欢套用现成的公式，而愿意开动脑筋，尽管题目变化很大，都能应付自如，独立解决。这说明该学生的思维具有较大的灵活性。

三、思维的批判性

思维的批判性是指善于批判地评价他人的思想与成果，也善于批判地对待自己的思想与成果。批判性的思维能够吸取别人的长处和优点，吸取别人的思想的精华，而摒弃别人的短处和缺点，摒弃别人思想的糟粕。它还能够严格地检查自己思想的进程及其结果，缜密地验证自己所提出的种种设想或假说，在没有确证其真实性之前，决不轻易相信这就是真理。在批判性上，有的人思维具有较强的批判性，能辩证地分析一切。在学习中，有的学生敢于同教师争论，敢于向权威挑战，把"吾爱吾师，吾更爱真理"的格言作为座右铭，这便是有思维批判性的表现。相反，有的学生，迷信教师和书本，把权威的话当做金口玉言，这便是缺乏思维批判性的表现。

四、思维的广阔性

当头脑在思考一个事物、观念或问题的过程中，能够在较大范围内联想起别的事物、观念和问题，这就是思维的广阔性。思维广阔的人，能见一而知二，以近而知远，思维较为活跃，容易发现事物之间的联系。思维的广阔性，要求在思考问题时，要想得出人意外，想得别出心裁，努力想别人所未想，想众人所不愿想，想俗人所不敢想，想常人所不能想。富兰克林与朋友喝酒时，一只苍蝇掉进杯中，一会儿就不动了，像被酒精醉死了。把它撩出来，在太阳下，没有多久，一翻身飞走了。一般人看过就算了，富兰克林却展开了丰富的联想，想到了生与死的转化，想到了人的生命也可能保存。当时许多人都嘲笑他的异想天开，但后来他的许多想法都变成了现实。强有力的联想能力，包括邻近联想、相似联想、对比联想、因果联想等，有助于由此及彼、拓展思路、触类旁通。增强思维的广阔性，必须加强学习，努力优化知识结构，从而使分析问题具有丰富的背景，观察事物具有宽广的视野。

五、思维的深刻性

思维既要有广度，又要有深度。思维的深刻性，要求从具体到抽象，通过现象抓住本质，揭示因果关系，把握发展过程和规律。思维的深刻性，就是要努力学会透过现象、假象认识事物的本质，学会区分事物的表象和本质性的东西，能够从某一现象中得到比较普遍的深层次的结论。鲁迅的观察就很深刻，他对中国国民性的分析，一针见血，入木三分，在《狂人日记》中，对几千年封建传统的概括是"吃人"。提高洞察力，就对事物进行纵向和横向的比较，加强对事物的理解。因为纵向可以了解事物的昨天，从中看出事物发展变化的趋势。同类事物常常有着相似的本质。横向的比较，可以更深刻认识同类事物，了解它们之间的相似和相异。增强思维的深刻性，必须掌握科学的世界观和方法论。意大利学者帕累托说："马克思的话像蝙蝠。人们在其中既能看到鸟，也能看到鼠。"马克思主义是人类文明的继承者，是各种知识的集成者，是世界观和方法论的统一者。我们要认识学习和掌握这一科学理论的精髓，在运用其立场、观点、方法分析和解决问题上下功夫。

六、思维的务实性

有史以来人类的一切活动可以归纳为两种，一是通过思维活动的超越性把外界观念化，由此积累起丰富的知识；二是通过实践活动的现实性把观念外界化，即物化，从而创造出五彩的世界。人的思维活动，不是为了思维而思维，思维是要达到某些目的的，或者释疑解惑，或者发明创造，最终是为了解决问题。如果没有问题，不解决问题，就无从、也无须进行思维。《荀子·修身》讲："道虽迩，不行不至；事虽小，不为不成"，"不闻不若闻之，闻之不若见之，见之不若知之，知之不若行之。"程颐说："知而不能行，只是未真知。"王阳明认为："知是行的主意，行是知的功夫；知是行之始，行是知之成。"作为执政者增强能力所必须的思维品质，更要注重于实务性。如果说思想家的特点是会思，那么领导者的特长应是会做；如果说理论家的品格是深刻，那么领导者的品格应是务实。赶路的"赶"字，是由"走"与"干"合成的，这是有意义、有作为的人生境况的高度概括。多走路、多实干，我们才能迎头赶上、走在前面。

七、思维的独创性

　　就是敢于提出独特视角、提出与众不同见解的能力。有这种思维品质的人，对别人不盲从，不屑于跟着说、顺着说、重复说，对权威不迷信，不安于随波逐流、趋炎附势，敢于突破、怀疑传统的观点，不人云亦云、见风使舵。增强思维的独创性，就是要努力用自己的眼睛观察，用自己的大脑思考，不从众，不唯书，不唯上。要注意学会逆向思维，许多人往往易顺着一个思路去思考，应有意识地向相反的方向思考。以前的人们，总认为祖宗的老办法最有用，鲁迅却反其道而思之，提出疑问："从来如此，便对么?"过去人们都说人类是女娲造的，屈原却反问："女娲又是谁造的?"这种提问，就有独创性。思维的独创性，重在扩大领域、克服定势的越规思维。常理并不能包含全部真理。思考时一反常理，能够获得新知。越规思维并非胡思乱想，必须遵循一定规则，建立在科学基础之上。

八、思维的求异性

爱因斯坦说过："提出一个问题比解决一个问题更为重要。"巴尔扎克指出，打开一切科学的钥匙都毫无疑义的是问题，大部分的伟大发现都应该归功于"为什么"。马克思在填写"自己最喜爱的座右铭"时，写上了"怀疑一切"。马克思曾经说过，他最不能容忍的缺点是"轻信"。增强思维的求异性，应注意培养问题意识。人类迄今为止的所有建树，都不是无懈可击的；任何领域的任何权威，都是凡人而非圣人。"圣人"不是人，而是一个词。要敢于提出问题，善于独立思考。陶行知说："发明千千万，起点是一问。禽兽不如人，过去不会问。智者问得巧，愚者问得笨。人力胜天工，只有每事问。"人文学者王瑶这样评论鲁迅："鲁迅先生是真正的知识分子。什么是知识分子？他首先要有知识，其次他是'分子'，有独立性。否则，分子不独立，知识也会变质。"敢于怀疑、敢于求异，人类的认识才能不断进步，逐步接近客观真理和绝对真理。

九、思维的前瞻性

在农业社会，人类思维方式的着力点是面向过去，根据以往的经验耕作；在工业社会，人类思维方式的着力点是面向现实，主要根据当时的市场供求情况生产；在信息社会，人类思维方式的着力点是面向未来，力图科学地预见发展趋势以保证决策和行动的正确性。当今时代，科学技术一日千里。日新月异已不是形容词，正在成为名词。因而注重思维的前瞻性就显得格外重要，此所谓"人无远虑，必有近忧；事无远虑，彼邻深愁。""凡事预则立，不预则废。"没有预见，行动处于盲目状态，就会把事业引向歧途。前瞻未来，立足眼前，重在行动，"不要危险临头才磨牙。"有丈夫对妻子说："我要是真中了风，不会说话了，你可要满足我最简单的要求。"妻问："什么要求？"夫说："我眨一下眼是想吃鱼，再眨一下眼是想吃炒饼，要求不多，请一定照办。"妻说："你要是不停地眨眼又说不出话来，我可猜不出你想吃什么。"夫说："就两样，我的要求很简单。"妻说："你现在最简单的是把烟酒戒了，少大吃大喝，这样离眨眼就远了。"有些人、有些单位，就像这位丈夫一样，往往对事后安排得无微不至，却对事前、事中疏于谋划布置，对眼前无动于衷。真正的危机管理，在于一片风平浪静时。

十、思维的辩证性

要善于运用辩证思维的基本方法，去认识、研究和解决问题。过去只讲二分法、两点论，在绝对不相容的对立的两极思考问题，结果往往是非此即彼，搞得势不两立。毛泽东曾说过："中庸观是孔子的一大发现，一大功绩，是哲学的重要范畴，值得很好地解释一番。"中庸思想最重要的，就在于提出了两极间把握中道的方法论原则。事物之所以成为事物，是因为事物内部各种要素之间有联结点。我们要推动事物的发展，一定要找到连结过去与未来、此岸与彼岸的桥梁纽带，否则就是只有眼光而无办法。哈佛商学院有人总结出精明人的12种致命缺陷，列首位的是"非黑即白看世界"。建设和谐社会，要讲究"执两用中"。"中庸之道"追求的是一种内在的、实质性的平衡，是一种勿过勿不及的状态，而不能误认为是折中之义，也并非在表面上或数量上对事物进行"半斤八两"式平分的标尺。"各美其美，美人之美，美美与共，天下大同"。一个中庸的、兼顾各方利益的、采纳各种长处的社会才是和谐的社会，一个和而不同、相容互补的世界才是和谐的世界。

　　思维有着多种品质。没有一个人的思维品质是全优的，总是有所长、有所短，有所强、有所弱。每个人都要了解自己思维品质的状况，有针对性地加强锻炼，积以时日，必会有所长进。重视优化思维品质，增强思维的广度、深度、密度、精度、力度，我们的思维能力就可能上一个台阶，执政能力就会有一个大的改观。

　　如何提升思维品质？

　　"麦肯锡并不神秘，方法论铸就神奇"。这是《麦肯锡意识》一书的封面引语。看了总序和第一章，子方大概已经知道，自己的思维其实很麦肯锡。不过这句话并不是本文要证明的观点，除了我自己，恐怕没有人会关心这句话的真伪，所以，我还是直接落地，通过对大家可能感兴趣的话题的探讨，间接展现所谓的麦肯锡思维。如果恰好有麦肯锡人从此地路过，就请他验证。

　　需要强调一点，这里阐述的是思维范畴的内容，并不对职业领域进行限定，毕竟不是人人都是咨询从业人员，而我们绝大多数的人，在进行思考时，也不可能有如麦肯锡内部体系借以决策的庞大平台资源。同时，即便具备决策思维能力，能够自由表达决策意见的企业环境，我们也未必具备。只是，这种思维能力，应用的领域与范围比我们所认为的还要广博得多，也是提升思维质量、加强洞察力与思辨能力的有效途径。

　　思维模式即是人类大脑在反映客观世界时，思维的组织形式与运作过程。组织形式决定了思维的角度，而运作过程则体现思维的流程。这个定义体现思维模式具备结构化与流程化两个根本属性，也体现人类大脑的两个相互联系的基本功能（作用）：认知（定性）和演绎（推理）。要判断一个人的思维质量，可以从功能角度入手；而要提升思维质量，则从思维模式的两个根本属性入手。

　　根据思维模式的结构化与流程化双重属性，再往下一层进行演绎，获得完整的思维路径：认知——解构——重组——输出。这个思维路径对许多人而言并不陌生，因为它是所有人在思考时都在走的路径。然而，路径化的表达让人容易产生一个认知错觉，就是把路径的线程化，这与现实当中很多人只具备线性思维的现状是相吻合的，表现就是把许多问题的因果关系简单化，甚至只形成一一对应的关系。线性思维模式也可以形成貌似系统的思维，比如线性的平行或交叉排布，这会让不少人自以为掌握了系统思考的能力，其实不然，因为线性路径需要在严密的系统体系之下，才能够确保其推导的科学性以及结果的精确性。

麦肯锡非常强调思维的结构性，以至于他们在用人方面注重思维模式多于注重工作经验。的确，结构化的思维是思维模式得到提升的前提与基础。那么，如何提升思维质量这个问题就重点细化到了如何形成结构化的思维（这是最关键的方面，但只是必要而非充分条件，所以加上"重点"这个词）。麦肯锡提到了两个方面，一是批判性思维，二是系统性思维。

阅读过子方先前文章的朋友，大概对这两个词不会陌生，相关的文章如下：《足以挽救中国式教育的两门课程》《别被海量的信息流埋葬》《思维的系统性高于一切》。

具体的概念定义这里就不作阐述了，今天要做的是将批判性思维、系统性思维与思维质量这三者进行整体的关联，以帮助各朋友（也包括子方自己）实现思维质量的提升。

首先，批判性思维是系统性思维的前置条件，批判性思维与其说是方法，倒不如说是一种思维的态度。什么是思维的态度？用"积极"一词还不能完全表达，至少应该用"非常积极"，甚至我们可以定下这么一个准则——没有什么不可能。用麦肯锡的方法来说，就是他们所提出的"MECE"，即"ME SEE"，意思是"相互独立、完全穷尽"。完全穷尽的前提是什么？就是态度，钻破牛角的穷尽。

思维的态度其实远比思维的方法重要得多，这是每一位自认为是思考者的人所应当认识并且坚守的道理。批判性思维的优劣，不在于你掌握了多少逻辑思维的技巧，而是你到底有无穷根究底的执著态度。

对这部分内容的阐述有两个层面的意义，一是麦肯锡式的思维在现实当中究竟有何应用的价值，二是麦肯锡在初期进入中国的时候为何一度沉沦。

群体性思维模式的特征，其实也正是群体所处环境在群体思想的折射，这时需要分析构成群体环境的主导因素，包括政治、经济、人文三重互为影响的因素。这里就不把它当作严肃的课题来对待了，精力不允许。主要分析这三重因素之下的关键因素。政治方面也不多言，主要谈其影响，相应政体之下，意识形态的开放度不够，重组织轻个体是矫枉过正的做法，导致缺失民族批判性思维。与政治相关的经济因素，受政治的牵连，批判性思维缺失导致创新力不足、战略人才奇缺（系统思维主导），追求短平快的经济效益，透支人口红利，关系型导向过分浓重，政商与裙带关系反而成为关键资源。人文方面，受前两者影响，加之历史因素，传统意识形态的基础早在 30 年前不复存在，至今未重建，因为经济是重心，同时经济发展整体需求的人才，被引导向关系型及工具型发展，碎片化的意识形态导致国民的碎片化认知，这是愤青数量增多的原因之一，也是不少企业有更大的玩弄消费的空间的原因之一。

用粗线条的形式勾勒出上面的影响思维模式因素的草图，可见若顺其发展，必将是恶性循环的方向。

同时，我们也会发现，麦肯锡式的思维，从经济的角度，在中国并没有太大的市场，中国市场普遍透明度不高，自然影响客观度，这其实也是作为一个大国经济体融入全球经济的一道障碍，例如，汽车产业以市场换技术这一策略的失败，并不全是汽车企业自身的责任，更多是整体环境造就的。在中国并没有精准的商业模式，因为精准度的要求已经被人口红利给降至最低。但麦肯锡给到企业的咨询价值，正是战略或策略的高精准度的解决方案。

这套思维方法，如果能被更多的中国人掌握，国之大幸。它带来的不止是商业价值，而是一个民族的重新开眼，民族的思维能力，是制胜于未来的关键。当然，从个人的角度，也不要刻意过分地指望这套东东能给自己带来多么重大的利益，明智、洞察、修身、立业，这才是最完整的收获，也是最合理的排序。

举个例子吧：

雨后，一只小蜘蛛很艰难地向墙上支离破碎的网爬去，由于墙壁潮湿，它爬到一定的高度，就会掉下来，但是它还是一次次地向上爬，尽管又一次次地掉下来……

第一个人经过看到了，幽幽地叹了一口气，自言自语地说："我的一生不正如这只蜘蛛吗？终日忙碌却无所得。"于是，他日渐消沉。

第二个人经过看到了，他说：这只蜘蛛真是愚蠢，为什么不从旁边干燥的地方绕一下再爬上去？我以后可不能像蜘蛛那样愚蠢。于是，他变得聪明起来，看事情不再往牛角尖里钻。

第三个人经过看到了，他被蜘蛛屡败屡战的精神所感动。于是，他变得坚强起来，并且愿意重新面对他最害怕的挑战。

为什么三个人在观察了同一事情后，看法不一致，心理反应不一致，采取的决策不一致，最后的行动也不一致？究其原因，主要是因为他们的思维模式不同。思维具有广阔性。当头脑在思考一个事物、观念或问题的过程中，能够在较大范围内联想起别的事物、观念和问题，这就是思维的广阔性。思维广阔的人，能见一而知二，以近而知远，思维较为活跃，容易发现事物之间的联系。思维的广阔性，要求在思考问题时，要想得出人意外，想得别出心裁，努力想别人所未想，想众人所不愿想，想俗人所不敢想，想常人所不能想。

第三节　影响解决问题的因素

解决问题常常不是一蹴而就的。问题解决过程中对问题表征的适当性、解决策略的适合性、问题解决者的动机和情绪、问题本身的表述、问题解决者所处的外部环境等等都有可能对问题能否得到解决、问题解决的速度、问题解决的质量和解决的流畅性产生影响，而我们要分析这些影响因素，首先有必要了解问题解决的一般过程。

一、问题解决的过程

心理学家把问题解决分为这样几个相关阶段：识别和理解问题；产生问题解答的多种解答假设，并在多种的可选择的假设中进行选择；测试和评价解答。如果解答有误或者解决方案不能执行则又回到问题的理解阶段，从而构成问题解决的阶段循环。

1. 识别和理解问题

问题解决前首先要做的是理解问题。问题解决者必须理解由问题起始状态（the initia state）、目标状态（the goal state）、引起状态改变的算子（operators）和问题的中间状态（the current state）等所构成的问题空间。这种问题解决者了解问题提供的信息和拓展问题的内部的问题空间就称之为问题表征。"不论问题的本质是什么，成功的问题解答在于怎样表征问题"。如果一个问题得到了正确的表征，可以说它已解决了一半。韦特海默指出，问题解决的典型性，即在于生成合理的问题表征，恰当的问题表征应该满足3个条件："（1）表征与问题的真实结构相对应；（2）表征中的各个问题成分被适当地结合在一起;（3）表征结合了问题解决者的其他知识"。

2. 产生解答

在对问题表征的基础上，问题解决者产生一个或多个可选择的解答假设，即方案。一般而言，人们产生问题解答的策略有两种，即算法式（the algorithms）和启发式（the heuristics）。算法式是指按照解决问题的各种可能性，逐个地、逐步地去尝试解决问题的方式，从而形成所谓的"搜寻树"，并穷尽了从初始状态出发所能搜寻到的所有状态。启发式（又叫大拇指规则）是指凭借和充分利用现有信息及信息间的联系，简化搜索空间，使问题得到尽快的解决。这两种策略各有优缺点。算法式能保证问题获得解决，然而许多问题解决无法得到算法式或者采用它太繁琐、太费时了。比如，要在一本缺失了索引的汉语字典里查找"问"（假定读音已知）字的释义。依据算法式，问题解决者须从字典的第一页一直翻寻到含"问"字条的页码。这要耗费较长的时间但最后可以查到这个字。启发式有可能使问题获得快而有效的解决，但却不能保证解答的准确性和一次成功率。如前例，采用启发式策略的问题解决者利用这样一些经验：字典是按照拼音顺序从前到后编排的，"问"字的拼音是"wen"，"w"在26个字母中排在倒数第四，因而"问"字有可能在字典靠后的页数。这样问题解决者就尝试翻字典靠后的页码，但有可能要翻好几次才能找到含"问"字条的页码。启发式策略又有许多不同的方式如手段目的扫析法、爬山法、类比迁移等。

3. 执行策略和评价解答

执行所采用的问题策略来解决问题并在执行过程中及执行产生结果（即解答）后，对当前策略的执行情况、问题向目标状态的进展状况、解答的有效性做出评估，确定该策略是否可行，问题是否获得解决。

以上是问题解决的 3 个阶段。然而，问题解决者在问题解决前和问题解决的各个阶段会受到许多因素的影响，如果问题解决者不能很好去应付和处置这些因素，则必将不利他对问题的解决。

二、问题解决的影响因素

在问题解决的识别和理解阶段，问题解决者对问题表征的适当性、解决者的认知结构将直接影响问题的解决；解决策略、解决定势、功能固着（定势）是问题解答阶段的影响因素。

1. 问题的表征

"除非对问题有清晰准确的理解，否则你很有可能不能达成准确的问题解决。" 因而适当的问题表征对问题的解决是至关重要的。国内的研究也表明：正确的问题表征是解决问题的必要前提，在错误的或者不完整的问题空间中进行搜索不可能求得问题的正确解决。例如，有这样一道 9 个点的问题，要求问题解决者用铅笔在不离开纸面情况下最多画 4 条直线穿过这 9 个点。如果问题解决者把搜索空间局限于 9 个点所围成的范围内，并认为这些直线都交于这 9 点中的一个点，这种不充分的表征不能使问题获得解决。实际上，这个问题正确表征应是突破这个 9 个点的边界，把直线延伸到这些点的范围之外，且直线可以两两相交而不必要求同时相交于一点。这才是对这一问题的良好表征，促进 9 个点的问题的解决。在问题的表征过程中，导致建构出错误的或者不充分的问题空间的因素主要有 3 条：

（1）信息遗漏即未能将问题的有关信息全部提取出来；（2）信息误解——对某些问题做错误的分析和理解，如 9 个点问题；（3）隐喻干扰，指问题信息中潜在的歧义性，误导问题解决者的解题思路。而

"问题的表征不仅受问题信息的影响，而其也受问题解决者知识基础的影响。"也就是说，问题解决者在问题表征过程中对问题信息的选择和理解又是和他认知结构密切相关的。

2. 认知结构

认知结构是个体原有观点的全部内容和组织。每个个体的知识都是以独特的方式组织的，从而构成了他们不同认知结构。良好的认知结构对于问题的表征和策略的采用都起十分重要的作用。当问题情境和个人的认知结构完全符合时，问题解决者可从认知结构中直接调用相关的信息；当问题情境和个体认知结构不一致时，具有良好认知结构的个体能够在新旧知识间做出区分，寻找二者的内在联系并进行恰当的类比迁移；当问题情境超越了个体的认知结构，他能够根据问题的性质和目的，调整和重组自己的认知结构，以求得对问题的正确表征。良好的认知结构具有3个特征：一是原有观念的抽象和概括水平；二是新旧观念的可辨别性；三是原有观念的稳定性。

3. 问题的解决策略

在产生解答阶段，解决策略的选择和解决定势会影响问题的解决。算法式和启发式两种策略各有千秋，选择得当将会促进问题的解决；反之，则影响解决质量甚至使问题解决受阻。就启发式而言，它又有多种方法，而不同的方法又有其独特特点。例如：手段—目的分析是将目标状态分解成若干个子目标，通过完成一个个子目标而最终达到最后目标。为了达成最后的目标，它允许问题解决者增加子目标和最后目标的不同，迂回绕道的达成目标。而爬山法（Hill climbing）纯粹是一种"前推"策略，它只允许消减问题的当前状态和目标状态的不同，不允许适当增加二者的差异和迂回绕道解决问题。因此，没有一种方法是万能的，许多时候问题解决者需要将多种策略和方法有效组合起来解决问题。如果问题解决者不熟悉或忽视任何一种有可能有用的方法，那必将影响他对问题的解决。

问题解决的定势是指问题解决者习惯用过去解决问题的策略和套路来解决当前的相似问题。这时会出现两种可能的结果：如果当前的问题和以前的问题外表不同而本质相同即异形同型，那么解决定势能促进问题解决者快速、正确地解决问题。反之，如果二者是外形相似而本质相异（即同形异型）的，那么过去经验形成的这种模式对于当前的问题解决是不适当的。例如前文举过的 9 个点问题，如果问题解决者"按照"定势，把视角始终局限于 9 个点所构的正方形以内，并将这 4 条直线定位为交于其中一点的直线，这个问题就不能获得圆满解决。

4. 功能固着

功能固着是指当所考察的材料作为一定物体的组成部分而具备某种功能后，在此后解决新问题时就存在变得难以利用的趋向。换句话说，某一物体在某种场合被作为具有某种功能的工具使用后，在其他场合遇到新问题时便难以看到它所具有的其他功能。例如锤子，一般被当作敲击之用，有时很难发现它还可以当作门栓、挡书板甚至秤砣来使用。"纸盒问题"实验证实了功能固着的确是人们在问题解决中的障碍。这个实验表明，直接解决某一问题的工具缺乏时，功能固着阻碍着问题解决者对现有工具潜在功能的发现，从而延缓了问题的解决。

在问题解决的各阶段，问题解决者的动机、成败体验、焦虑情绪等主观因素和问题的表述、解决所处的环境等客观因素也将制约着问题的解决。

5. 动机强度

动机是引起、维持个体活动并使之趋向某一目标的心理过程。在问题解决过程中，问题解决的效率——问题解决的速度、质量、流畅性是受问题解决者成就动机强度制约的。这二者之间存在这样的关系：

随着问题解决者的动机从零开始增大，问题解决的效率也随之开始增高；在动机强度适中时，会产生最高的效率而超过一定强度后，解决的效率又会随之降低。这是因为问题解决者的动机过强，有机体易处于紧张的情绪状态和过强的经神兴奋状态，导致个体注意力发生分散，知觉范围窄化，从而既不能使问题的信息在中枢加工器中得到良好的表征，又不能有效选择长时记忆中与该问题解决有关的信息。当然，动机过强对问题解决效率的影响也因问题的复杂程度和个体学习能力而有差异。M. V. Seagoe 的研究表明，强烈的动机对于简单问题的解决会产生积极的影响，但对于复杂问题的解决则有不利影响；对于一定问题来说，在学习者具有很强的能力这一前提下，动机强烈仍会促进问题解决。

6. 成败的情绪体验和焦虑

问题解决者过去解决问题的成败印象和体验对当前的问题解决将产生影响。这种影响主要表现于问题解决者的问题解决信心。既往问题解决成功率较高者，对自己的学习能力有积极的自我评价，个人的成就期望较高，他们对当前问题解决比较自信；而既往问题解决失败印象较深者，自我评价较低，对自己解决当前问题显得信心不足。并且，当前的问题与问题解决者以往面临的问题情境越相似，成败的情绪体验对当前的问题解决就越强烈。

不管问题解决者成就动机如何，也不论问题解决者以往的成败体验如何，当他面临问题时，一般都抱有担忧、紧张和不安等焦虑情绪。

焦虑和问题解决的关系类似于动机强度和问题解决的关系。适度的焦虑情绪唤醒能够集中问题解决者的注意力，促进他对问题信息的知觉和表征，唤起长时记忆中的相关信息，更进一步激起问题解决者在问题的表征和原有认知之间的信息加工和模式识别，发展问题解决的策略。反之则阻碍问题的解决。

7. 其他影响因素

问题的表述和问题解决者所处的环境，也会影响问题解决者对问题的解决。清晰、简洁的问题表述有利于问题解决者迅速理解问题；而含混的语言表述易使问题解决者产生歧义和表征失当。具体形象的问题语言表述比抽象的语言表述更容易使问题解决者读懂题意。对于问题解决这样的复杂智力活动来说，噪声、温度、湿度和通风条件等客观条件对问题解决的效率有一定的影响，这些客观条件影响问题解决者的情绪、注意力、记忆和思维。

第四节　开发抽象思维力的心理策略

抽象思维是人们在认识活动中运用概念、判断、推理等思维形式，对客观现实进行间接的、概括的反映的过程。属于理性认识阶段。抽象思维凭借科学的抽象概念对事物的本质和客观世界发展的深远过程进行反映，使人们通过认识活动获得远远超出靠感觉器官直接感知的知识。科学的抽象是在概念中反映自然界或社会物质过程的内在本质的思想，它是在对事物的本质属性进行分析、综合、比较的基础上，抽取出事物的本质属性，撇开其非本质属性，使认识从感性的具体进入抽象的规定，形成概念。空洞的、臆造的、不可捉摸的抽象是不科学的抽象。科学的、合乎逻辑的抽象思维是在社会实践的基础上形成的。

一、思维方法

抽象思维方法在形而上学的初期阶段只知道用概念代表现实事物，只知道用不同的概念去代表不同的现实事物以及用概念和概念之间的演绎关系去代表现实事物之间的实际联系。至于这种方法在多大程度上偏离了现实世界的实际状况则不闻不问。

概念所概括的那些事物，从静态看本身就不是完全相同而是存在着区别和差异；从动态看还都在发生着变化，有些变化大一些有些变化小一些。

抽象思维方法在形而上学的阶段只有当事物之间的差别足够大时，或者事物的变化足够大时，才会用不同的概念代表不同的事物、新的概念代表新的事物这唯一的方法去解决这个难题。至于事物间的那些还没有足够大的差异和事物的那些还没有足够大的变化，抽象思维方法在形而上学的阶段完全无能为力，只能一概忽略不计。

二、抽象思维

当抽象思维方法到了辩证法的阶段时，面对事物间的差异性和事物的变化性，不仅会在差异巨大时或变化巨大时用不同的概念去代表不同的事物（像抽象思维方法在形而上学的阶段所做的那样），而且会在事物间的差异或事物的变化还没有足够大时，用概念内涵的数量属性去描述这些差异和变化，并用概念内涵的数量属性作为对概念本身的补充和修正，从而在一定程度上减少了抽象思维方法用概念代表现实事物和用概念间的关系代表现实事物之间的实际联系所引起的误差和偏离。

哲学涉及的是抽象的概念，观照非仅限于日常具体事务的零碎表象，力求洞悉其本相、规律，尤其是事物的抽象本质，这就要求有素的抽象思维，中西方哲学均如是，但其中又有不同。

西方哲学更多是将抽象理念以概念化，生发出许多名词，然后对之进行模块化分析，建构抽象但又十分精密的哲学系统，其特点更牢固，更不易改动，也更强调抽象与具象的彼此独立分开的分析。中国哲学对抽象对象的处理则更讲求抽象不离具象，抽象是具象的抽象，具象是抽象的具象，一讲到抽象就会联想到世间千千万万与之条件相符合的具象，这样的抽象具备了中国哲学中描述的宇宙抽象本源能"随物赋型"的特点。

由此可看出，抽象与具象，在西方哲学中强调的是两者的分离，而在中国哲学中则强调的是两者的不分。前者的抽象思维习惯导致了西方哲学中唯心与唯物、唯理论与经验论等的二分现象，即非此即彼的趋势。而在中国哲学的抽象思维习惯则源自于《易经》中的"观物取象"，象是抽象的象，类似于西方哲学中具有普遍共性的相，但其是从具象中抽离出来，且不能离具象，所谓"道象不离"。

西方哲学抽象思维更具设定性，而且是人为先验设定性，比如"$1+1=2$"，其正确性是在一定范围内成立，而具体事物中，我们无法找到两样相同的具体东西，其对于我们深入认识本质并无帮助，只是将种种因素理想化，再理想化，因此，对于超出逻辑，超出数理推导的部分，其无法解决，且这样的公式其本身就是建立在一种感性直观之上。所以，我们无需将理性与感性就此完全区分开，应承认在进行理性推导时亦不能离开感性。此外，我们亦可以将西哲的抽象归纳为偏理性抽象，而将中哲的抽象归纳为偏感性抽象。

中国哲学感性抽象其实并非完全感性的抽象，那样的抽象只是初级、原始的抽象，那样的抽象思维面对事物后所产生的反映是混沌不分，尚未形成理性推理出来的概念的抽象思维，而中哲感性抽象是融合了理性与感性之后的高度抽象，这样的抽象并非凭空想象，它同理性的目的一样，旨在追求宇宙真理本相，而凡追求真理至此者，则会发现，人类所想要认识的真理，必有超出我们理性范围的部分，我们称这部分为感性部分，之所以为感性，并非因其不合理，而是其部分无法用我们的局限理性来推测，从而达到一种知道有一部分不能为理性所认识的真正理性境界。而我又是怎么知道有这样的不可知领域的呢，因为这样的领域我们每个人思维中本来就有，不只思维中有，宇宙中的万事万物都有这样的领域——不可知的抽象，宇宙中的万事万物都是自然如此，自然，顾名思义就是，自己本来就是这样。真理的本相，本来就是这个样子。运用理性探索经验事物之间的联系永远是相当于对其本相外衣的层层拨开，而要到达其终极，必须通过融合了理性与感性的纯理性。达到纯理性的结果也是认识到抽象思维的进行从各种具象中展开的，抽象就是因为太过具象，所以无法具象，比如，人的概念是从亿万活生生的具象的个体人的总和中抽象出来的，然而现实生活中我们无法找到这样一个包含了人的理想特征的概念"人"，只可能是一个个有蹲有站，有高有矮，有男有女等等形象的具体人。

西方哲学的二分抽象也有相应许多现象体现出来。西方哲学家之间的分家更严重，其哲学家信徒分派更明显。科学家进行科学研究以唯物主义为中心时，会更加在意推导由该原理所可能出现的一切科学成果，当然这种可能性也更多是在唯物范围内推导，至于其成果是否合乎道德法则则成了末，因为唯物和唯心已经分家了，原子弹便是如此，我不是说的游戏里的原子弹。唯心论也因为主观否定了物的客观，所以在日益兴盛的唯物潮流面前愈加站不住脚，这也是其未通达到"心物一元"本质的自咎。

涉及到抽象物名时，西方哲学更强调，物名是一个概念，比如上帝、桌子、池塘、定理。这样的概念更加具体化、固定化、静态化、孤立化。中国哲学中则更强调物名是一个代名词，比如我们说张三，他既是此刻在笑的张三，也是彼刻在哭的张三，既是年少的张三，也是年老的张三。张三是指代我们的那样一个拥有相同内在的外在具体多变事物的代名词，其更体现事物之间的普遍联系性、灵活多变性和事物的象变质不变。

西方哲学的这种"一物是一物"的较孤立的抽象思维，使其更牢固，正因牢固，所以更易被推翻，不容易作为经得起长久时空检验的真理，就像人的外衣，时时在换，而人本身是不换，"永远在变"的抽象规律本身是不换的。广大精微的体系的优越性是其难以变动，但其不足之处也是其难以适时而变，而且其广大精微之处也更限于其语言逻辑的广大精微，而语言逻辑又并非真理现实的全部。哲学就真理而言，可以说是一门作为借其达到真理的艺术工具，但并不代表哲学就是真理本身，哲学像船，真理像彼岸，船非彼岸。高度抽象本真一旦落入文字、语言，甚至在刚落入人的主观意识中时，就已经失真了。

西方哲学中也有许多大师认识到抽象本真的不可言说性，但其对于抽象真理的传授时的处理方式较中国哲学体系，而中国哲学对于传授真理的处理方式则是更为抽象，似不成体，因为既然抽象真理无处不在，那么真理不只是蕴含于言语中，也蕴含于语气、动作、神态、氛围、情性磁场等机缘、因素中。所以也就有了释迦拈花一笑，孔子传曾子时的"吾道一以贯之"，禅宗的以手指月、棒喝等看似特殊的传教法。

取之于抽象，用之于抽象，因为中国哲学抽象来源于丰富的具体事物，所以其范围也适用于广泛的具体事物。如中国哲学中对于宇宙人生的积极思考也是为了解决信仰根基，用之以安身立命，又如中国哲学的道理蕴含于百姓日用当中，蕴含于琴棋书画当中，蕴含于宗教信仰当中，其是用一种理性的抽象来指导我们生活中的各类事务。当然，这也导致了我们学以致用的氛围，显得功利和不那么纯粹。

西方哲学抽象趋向于概念的多元化、丰富化、复杂化，借之将宇宙本相外显的诸层面一一呈现，中国哲学抽象倾力于"为道日损"，力图将庞大的宇宙体系用至简的符号表现，从而一通百通，持中达变。

正因为超越了普通物质甚至是思维的抽象，我们才得以来到灵性、超世间、玄之又玄的更高抽象层面，摆脱寻常理性的不理性束缚。

第五节　开发形象思维力的心理策略

思维需要广度，思维也需要深度。只有兼具深度与广度的思维才能让我们从容面对这个多变的世界，找出正确的"钥匙"，找开正确的"锁"。

有时，我们的确无法改变生活中的一些东西，但是我们可以改变自己的思路。一把钥匙打不开锁时，我们可以换另一把钥匙。

只要我们放弃了盲目的执著，选择了理智的改变，就可以化腐朽为神奇。所以，当我们碰壁的时候，不妨换个角度，也许会找到巧妙又恰当的解决方法。

《射雕英雄传》里面有一个情节：黄蓉被一个巨大的海蚌夹住了脚，费了很大的劲也掰不开。最后她想了想，抓了一把细沙放到蚌壳里面，结果蚌就自己打开了。因为黄蓉想到了，蚌最怕的就是细沙。

换把钥匙去开锁，有时需要逆向思维的帮助。比如1901年，伦敦举行了一次"吸尘器"表演，以强有力的气流将灰尘吹起，然后收入容器中。而一位设计师看到之后却反过来想。将吹尘改为吸尘，岂不更好？根据这个设想，于是研制成了吸尘器。

在传统的动物园内，无精打采的动物被关在笼子里让人参观。然而有人反过来想，把人关在活动的"笼子"（汽车）里，不是可以更真实地欣赏大自然中的动物吗？于是野生动物园应运而生。

换把钥匙去开锁，最重要的是要充分利用自己的头脑，打开思维，在其中寻找到最佳的"钥匙"。

土豆如今在法国是很常见的，但是，直到 18 世纪，土豆种植还没有在法国得到推广。宗教迷信者不欢迎它，还给它起了怪名字——"地下苹果"；医生们认定它对健康有害；农学学断言，种植土豆会使土壤变得贫瘠。

法国著名农学家安瑞·帕尔曼切曾在德国吃过土豆，觉得土豆是一种很好的食品，于是决定在本国培植它。可是，过了很长一段时间，他都未能说服任何人。

面对人们根深蒂固的偏见，他一筹莫展。后来，帕尔曼切决定借助国王的权力来达到自己的目的。1787 年，他终于得到了国王的许可，在一块出了名的低产田上栽培土豆。帕尔曼切发誓要让这不受人们欢迎的"地下苹果"走上大众餐桌！

但是，他知道采用直接的方法，是达不到目的的，于是他想到了另一种迂回的方法。

他请求国王派出一支全副武装的卫队，每个白天都对那块地严加看守。这异常的举动，显得十分神秘，撩拨起人们强烈的偷窃欲望。一块土豆地怎么会派哨兵日夜把守呢？周围的农民无不好奇，不断地趁着士兵的"疏忽"而溜进去偷土豆，小心翼翼地把偷来的土豆拿加去研究，种在自家地里，精心侍弄，看到底有何不同。哨兵对周围的农民偷土豆，表面上似乎严禁，实际上则睁一眼闭一眼。而当周围农民的土豆获得丰收之后，土豆的优点就广为人知，也就普及开来，很快成为最受法国农民欢迎的农作物之一。通过这样的方法，土豆才终于昂然走进法国的千家万户。

其实，思维方式对人的成功有着巨大的决定作用。思维有多宽广，你的道路就能有多宽广。想要有更多更好的解决问题的方法，就要有开放和发散的思维。开放型思维要求思维能够从广度和深度两个方面发散出去，就像是一颗夜明珠发出的光芒一样，以一点为中心向四面八方辐射，横向的、纵向的、逆向的，各个方面都要延伸出去。横向思维决定了思维的广度，纵向和逆向思维则决定了思维的深度。

曾经在上海有过一次许多中外学者参加的开发创造力的研讨会。在会上，日本的创造力研究专家村上幸雄拿同一枚曲别针，请与会者说出曲别针的用途有多少种，以此来比较一下大家的思维广度。大家各抒己见，很快就说出了 60 多种，村上对此表示称道。这时一个人问村上能够说出多少种，村上一笑，说："300 种。"对此许多人纷纷表示惊讶和佩服，但也有人怀疑。

于是村上来到讲台，滔滔不绝地向大家说出曲别针的 300 种用途。正当大家惊叹于村上过人的开放思维时，中国的许国泰先生站起来说："我能说出 3 万种曲别针的用途。"此话一出，在座的一片哗然，觉得不可思议。

为了证实自己所说的话，许国泰先生来到讲台上对大家说："刚才村上先生讲的用途其实可以用 4 个字来概括，就是钩、挂、别、连，但这仍然具有局限性，其实要使思维突破这种格局，最好的办法就是借助于简单的形式思维工具——信息标和信息反应场。"

接着他把曲别针的总体信息分成长度、截面、弹性、重量、直线、体积、银白色等 10 多个要素，再把这些要素，用一根标线联系起来，形成一个信息标，然后，把与人类实践活动有关的要素联系起来，最后形成信息反应场。他将信息反应场的坐标不停地组合交切，这时，一枚普通的曲别针变幻出无穷的用途。如把曲别针分别做成 0，1，2，3…，9，再做成 +、-、×、÷，用来进行四则运算；可以做成英文、俄文、希腊文等外文字母；在音乐上可以用来创作曲谱；曲别针是由铁元素构成的，铁与铜结合青铜，与不同比例的几十种金属元素分别化合，则能生成成千上万种化合物。

由此我们可以看到，要想思维开阔，我们就要有逆向思维和纵向思维。"换把钥匙去开锁"就是要灵活变通，不要按习惯的思维方法沿着正常的、固定的、有序的程序进行推论，而是要打破固有的思维定势，从各个角度对问题进行思考。如此，我们才能发现更多的方法。

多数男性方向感天生就比女性强，但语言表达能力和理解能力远逊于女性。

形象思维的特点：

形象性：形象性是形象思维最基本的特点。形象思维所反映的对象是事物的形象，思维形式是意象、直觉、想象等形象性的观念，其表达的工具和手段是能为感官所感知的图形、图像、图式和形象性的符号。形象思维的形象性使它具有生动性、直观性和整体性的优点。

非逻辑性：形象思维不像抽象（逻辑）思维那样，对信息的加工一步一步、首尾相接地、线性地进行，而是可以调用许多形象性材料，一下子合在一起形成新的形象，或由一个形象跳跃到另一个形象。它对信息的加工过程不是系列加工，而是平行加工，是平面性的或立体性的。它可以使思维主体迅速从整体上把握住问题。形象思维是或然性或似真性的思维，思维的结果有待于逻辑的证明或实践的检验。

粗略性：形象思维对问题的反映是粗线条的反映，对问题的把握是大体上的把握，对问题的分析是定性的或半定量的。所以，形象思维通常用于问题的定性分析。抽象思维可以给出精确的数量关系，所以，在实际的思维活动中，往往需要将抽象思维与形象思维巧妙结合，协同使用。

想象性：想象是思维主体运用已有的形象形成新形象的过程。形象思维并不满足于对已有形象的再现，它更致力于追求对已有形象的加工，而获得新形象产品的输出。所以，形象性使形象思维具有创造性的优点。这也说明了一个道理：富有创造力的人通常都具有极强的想象力。

逻辑思维的工作方式是通过更精确的接近计算机一样的"位"的运算。我们知道一个电路中的某一根电线只有两个模式，有电和没电，那么"有电"的时候就一定不是"没电"的状态，这就好像在说"A

＝非 A"，这就是逻辑的模式。打一个比方。如果你说一种颜色是白色，那么它就一定不是非白色之外的其他颜色，它一定不是粉色，也不是黑色，也不是蓝色，这样的思维具有非常强的边界特点，可以让一件事情非常清晰地区别于其他形式，这也是逻辑的特点。

而形象思维的工作方式类似化学物质的化合工作，它有一定的规则，只要符合这个规则，其他方面就可以比较模糊，边界效果很模糊，比如带正电的离子和带负电的离子互相吸引，这样就让两个离子结合在一起。但是在结合的时候，这两个离子是什么离子并不重要，只要它们拥有可以互相吸引的条件，也就是正电和负电，它们就认为它们可以结合在一起。比如 NaCl 氯化钠和 KCl 氯化钾。Cl 氯有一个负电子，Na 有一个正电子，Cl 就认为可以和 Na 反应，于是结合了。而 K 钾，也有正电子，Cl 也可以和它反应，结合。在 Cl 对于外界的化合反应过程中，它的规则就是 "A＝AB，A＝AC，A＝AD……A＝AX。也就是对于拥有特征 A 的，就都归类成 A。不论它面对的对象是否还有其他特征，也即是 AB 是 A，AC 也是 A，只要是拥有 A 的特征，就都划分到 A 这个类别，这就是形象思维的工作模式。

逻辑思维我们好理解，毕竟我们从小就接受这方面的教育，但是关于形象思维是怎么工作的，我们平时了解的非常少，虽然在一出生我们就拥有了这个思维方式，而且我们就是靠着这个思维活下来，活下去的，但是我们从来没有察觉过它。那么我们通过这个例子看看它在我们身边其实一直都存在，比如：在原始社会中，你走在森林中，突然看到一个满身泥巴的东西从泥坑中窜了出来，它有一个大头，一个有力的尾巴，样子像个大猫，你会立刻拉弓准备射箭，因为你知道它是个老虎，但是它满身泥巴，看不出来是个老虎，可是你就知道它是个老虎，这是为什么呢？

因为你看到它的姿态、走路的样子像个老虎，通过这个判断，它可能就是满身都是泥巴的老虎。这样的形式思维可以让你生存下来。

再举一个例子，有一天你走在大街上，看到一个童年时期的朋友，你一下就认出是他，于是你们畅欢叙旧，好不开心。其实他已经长大了，而且样子都已经发生了很多的变化，不论在身高还是样貌都有非常大的变化，但是为什么你可以一下就认出来是他？这就得力于我们的形式思维。实际上我们生活中大量的思维模式都是形式思维，这种形式思维就是动物的模式，而我们人类虽然因为发展出更发达的逻辑思维区别于动物，但是我们毕竟是动物模式的形式思维走过来，而且这样的思维同样具有某方面的优势，实际上它的工作主导着我们人类的更多行为。

我们人类的神经传导模式非常接近逻辑的工作，因为它是采用"位"的计算方式，这样的逻辑计算方式承载量小，计算量大，效率高。而形式思维的工作，是穷举式的，承载量巨大，但是计算量小，所以速度快。比如，买鸡蛋，10 元一斤的鸡蛋，如果买 1.5 斤，那就是 15 块钱。买 1.7 斤是 17 块钱。这就是逻辑的模式，它只需要记住每斤 10 元。

而形式思维，是通过记住 1.1 斤是 11 元、1.2 斤是 12 元、1.8 斤是 18 元这样的方式，所以它需要记住的更多，需要的容量更大，但是益处就是显而易见的了，反应会非常的快。这在我们需要非常短的反应速度的情景就非常重要了，比如当你脚下一滑，你是没有时间计算你的重心，你的四肢该怎样运动才能保持平衡的，你会一下就自然地调整自己的各个身体部分进行避免摔倒的动作，这就是形式思维的优势，而这个优势不但让我们活下来，而且还一直支配着我们的行为。

那么到底是逻辑思维占优势，还是形式思维占优势？作者认为这两种方式在人类的认知活动中并存着，而它们存在的物质模式一个是神经调节，一个是体液调节，也就是逻辑思维多数通过大脑的神经系统进行运算；而形式思维更多的可能通过体内激素甚至是外激素的调节显示其工作的。比如肾上腺皮质激素，比如内啡肽、多巴胺等等。

而这些激素更多的和情绪内容相关，同时也影响我们的视觉、听觉、味觉、运动觉等等各种感觉。

说了这么多，那么这和"我知道有道理，但是做不到"有什么关系？

实际上"有道理"就是逻辑思维模式下工作的结果，而"如何做"却是在形式思维和逻辑思维的共同作用下的结果（实际上某些行为不需要逻辑思维也可以做到，比如很多精神病人都可以完成某些生理需要，比如吃饭，睡觉）。你认为其有道理，只要你的逻辑思维认可了就可以了。所以当你认可一种逻辑的时候，你就会觉得"有道理"。但是如果你想在行为层面符合这种道理，你必须要让自己的形式思维也认可，你才能真正地去做你认为有道理的事情。

比如，你遇到了不公平的待遇，这个时候，我们知道我们需要勇敢地面对，于是有诸多的"应该"从逻辑中形成，比如你应该勇敢面对，你应该抗争，你应该……（生活中你听到的应该已经足够多了）。但是你现在就是害怕，就是哆嗦。因为你的形式思维不是这么认为的，你的形式思维的一个重要的工作方式前面说过了，把 A 等同于 AB。

比如，在你幼年的时期，你曾经面对过不公平待遇，但是那个时候小，你没有抗争的力量，所以你的愤怒转化为了恐惧（事实上，这是非常好的策略，有了恐惧逃避，才让你在更强大危险的境地保存了自己），当类似这样的事情再次发生，你的形式思维就把再次发生的 AC 归类为 A。当再次发生的 AD，也归类为 A。所以当你长大了，你依然把类似的情况 AX 归类为 A。也就是只要你感到愤怒的时候，恐惧自然也就被代理出来。所以你的行为模式就是面对不公平的时候先是愤怒，接着就感到了恐惧。这和逻辑认为的现实是不一样的。

举一个实际的例子。L，小的时候曾经面对过一些他不想面对的情况，当时他的父母之间产生了暴力行为，他担心母亲会受到伤害，对父亲很愤怒，但是他感觉到自己的渺小，而无能为力，这种无力感驻留在形式思维中，后来他和同班级的一些"坏孩子"对峙的时候，虽然感觉到很愤怒，但是内心却非常的恐惧，这样的事情更加强化了他的这个思维，于是他面对不公平待遇的时候，首先非常的愤怒，而愤怒的程度越高，它随后的恐惧水平越高。所以在他成年之后依然保持这种模式。以至于他面对不公平的时候他不自禁的就恐惧。

在经过心理咨询后，学会了察觉现实的一些技术，在一次面对不公平待遇的时候，他通过逻辑思维推理到，其实对方也是很害怕的，并且开始观察现实是否是这样，结果他的观察结果证实了这点，于是，他察觉到当前的情况恰如麻杆打狼——两头害怕。拿着一根麻杆的人害怕，那个狼也很害怕，于是他想既然双方都害怕，而我在现实上是没有害怕的理由的，毕竟是他在不公平的对待我。于是他似乎变得淡定了，当在和对方的对峙中，他体会到对方颤抖和逃避的心理的时候，他一下子有了勇气，结果是对方终于承认了自己的错误。这次经历让L体会到了逻辑思维认知现实的威力，也体会到了形式思维支配行为的实质，而且也体会到了它们两者是怎样一起工作的。

实际上，之所以你知道道理，就是做不到，是因为知道的道理是在逻辑层面工作的，而行动是形式层面工作的。这就是知道道理而做不到的原因。那么如何让自己能够做到自己知道的道理呢？这个方法很多，比如提高认知察觉的能力，比如调整形式思维的工作模式。在诸多心理学的门派中，虽然理论基础不同，但是基本都是通过这些方面进行工作的。而就作者的观点，其实如果能从多角度共同工作，效果会更好。

逻辑思维就是通过逻辑（把意识按照顺序进行排列）进行思考就叫做逻辑思维。

人们在认识过程中借助于概念、判断、推理等思维形式能动地反映客观现实的理性认识过程。又称理论思维。它是作为对认识着的思维及其结构以及起作用的规律的分析而产生和发展起来的。只有经过逻辑思维，人们才能达到对具体对象本质规定的把握，进而认识客观世界。它是人的认识的高级阶段，即理性认识阶段。同形象思维不同，它以抽象为特征，通过对感性材料的分析思考，撇开事物的具体形象和个别属性，揭示出物质的本质特征，形成概念并运用概念进行判断和推理来概括地、间接地反映现实。社会实践是逻辑思维形成和发展的基础，社会实践的需要决定人们从哪个方面来把握事物的本质，确定逻辑思维的任务和方向。实践的发展也使逻辑思维逐步深化和发展。逻辑思维是人脑对客观事物间接概括的反映，它凭借科学的抽象揭示事物的本质，具有自觉性、过程性、间接性和必然性的特点。逻辑思维的基本形式是概念、判断、推理。逻辑思维方法主要有归纳和演绎、分析和综合以及从抽象上升到具体等。

逻辑思维又称抽象思维，是思维的一种高级形式。其特点是以抽象的概念、判断和推理作为思维的基本形式，以分析、综合、比较、抽象、概括和具体化作为思维的基本过程，从而揭露事物的本质特征和规律性联系。抽象思维既不同于以动作为支柱的动作思维，也不同于以表象为凭借的形象思维，它已摆脱了对感性材料的依赖。抽象思维一般有经验型与理论型两种类型。前者是在实践活动中的基础上，以实际经验为依据形成概念，进行判断和推理，如工人、农民运用生产经验解决生产中的问题，多属于这种类型。后者是以理论为依据，运用科学的概念、原理、定律、公式等进行判断和推理。科学家和理论工作者的思维多属于这种类型。经验型的思维由于常常局限于狭隘的经验，因而其抽象水平较低。

其实逻辑思维就是训练反应能力也是训练随机应变、快速反应的一种方法。

推理思维：由一个或几个已知的判断（前提），推导出一个未知的结论的思维过程。其作用是从已知的知识得到未知的知识，特别是可以得到不可能通过感觉经验掌握的未知知识。推理主要有演绎推理和归纳推理。演绎推理是从一般规律出发，运用逻辑证明或数学运算，得出特殊事实应遵循的规律，即从一般到特殊。

需要注意的是：如果不能考察某类事物的全部对象，而只根据部分对象作出的推理，不一定完全可靠。

推理是形式逻辑，是研究人们思维形式及其规律和一些简单的逻辑方法的科学。

思维形式是人们进行思维活动时对特定对象进行反映的基本方式，即概念、判断、推理。思维的基本规律是指思维形式自身的各个组成部分的相互关系的规律，即用概念组成判断，用判断组成推理的规律即同一律、矛盾律、排中律和充足理由律。简单的逻辑方法是指，在认识事物的简单性质和关系的过程中，运用思维形式有关的一些逻辑方法，通过这些方法去形成明确的概念，作出恰当的判断和进行合乎逻辑的推理。

学习形式逻辑知识，可以指导我们正确进行思维，准确、有条理地表达思想；可以帮助我们运用语言，提高听、说、读、写的能力；可以用来检查和发现逻辑错误，辨别是非。同时，学习形式逻辑还有利于掌握各科知识，有助于将来从事各项工作。

形象思维就是对形象信息传递的客观形象体系进行感受、储存的基础上，结合主观的认识和情感进行识别（包括审美判断和科学判断等），并用一定的形式、手段和工具（包括文学语言、绘画线条色彩、音响节奏旋律及操作工具等）创造和描述形象（包括艺术形象和科学形象）的一种基本的思维形式。

从文学艺术创作角度分析：所谓形象思维，也就是艺术家在创作过程中始终伴随着形象、情感以及联想和想象，通过事物的个别特征去把握一般规律从而创作出艺术美的思维方式。形象思维能力的大小往往决定一个人的审美水平。形象思维始终伴随着形象，是通过"象"来构成思维流程的，就是所谓的神与物游。形象思维始终伴随着感情，形象思维离不开想象和联想。联想思维是指人脑记忆表象系统中，由于某种诱因导致不同表象之间发生联系的一种没有固定思维方向的自由思维活动。主要思维形式包括幻想、空想、玄想。其中，幻想，尤其是科学幻想，在人们的创造活动中具有重要的作用。

联想思维的特征：连续性；形象性；概括性。

联想思维的类型：

接近联想：是指时间上或空间上的接近都可能引起不同事物之间的联想。比如，当你遇到大学老师时，就可能联想到他过去讲课的情形。

相似联想：是指由外形、性质、意义上的相似引起的联想。如由照片联想到本人等。

对比联想：是由事物间完全对立或存在某种差异而引起的联想。其突出的特征就是背逆性、挑战性、批判性。

因果联想：是指由于两个事物存在因果关系而引起的联想。这种联想往往是双向的，既可以由起因想到结果，也可以由结果想到起因。

联想思维的作用：在两个以上的思维对象之间建立联系；为其他思维方法提供一定的基础；活化创新思维的活动空间；有利于信息的储存和检索。

逻辑思维与形象思维的联系

无论是逻辑思维还是形象思维，它们在艺术设计中总是互不可分的，既有本质不同又是相互统一紧密联系的。前者以抽象思维活动为主，而后者则是一种具象的思维活动方式，二者的联系则表现为逻辑思维的推进往往伴随着形象思维的发生。以椅子的设计为例，在涉及每个命题步骤时，设计者不可能抛开一切形象只单纯抽象地进行推理或只是以抽象概念为理解基础进行抽象推理，而肯定会在大脑中浮现与各个命题步骤相关的形象。比如，第一个命题规定的是一种造物，可以满足"坐"（有时可能是"躺"）的需要，这时设计者至少可以通过想象和联想得出这种"坐"或"躺"的情景以及用于"坐"或"躺"的承受物一般意义上的形象。另外，在建立演算系统进行推理而获得符合规律的形式及色彩关系活动中，基本形象和色彩形象是肯定会伴随推理发生。

在设计中，以逻辑思维为主的理性思考指导着形象思维的具体运用。前述形象思维的"深化法"、"分化法"、"变异法"等多是在推导或建立演算系统的方式下进行的。以一个或多个命题为基础，建立多项演算系统，得出符合设想或构想的最终形象，体现审美规律的同时，满足市场需求。

形象思维与逻辑思维发生的先后次序不以二者各自特点而孤立地、明确地体现出来。更多情况下，二者可能同时发生或间歇发生，并无先后顺序。在逻辑推理和逻辑运算的过程中包括了各种对形象的运用和理解；在运用形象思维进行发散和创造时，也有逻辑规律的运用和指导。

想象是形象思维中最活跃、最重要的因素，在有些情况下，想象的过程简直就是形象思维的过程。同时，想象还是形象思维中各表象之间联结的重要桥梁之一。然而，一般地说，想象不能等同于形象思维。想象是形象思维的一个片段，单有想象还不能形成真正的思维成果。形象思维就其整个过程而言是受控的，而想象过程有时是受控的，有时又是不受控的。形象思维要受客观事物的逻辑包括生活逻辑的控制和制约，而想象尽管依赖于客观事物在头脑中形成的记忆表象，但想象的过程，在很大程度上是不受客观事物的逻辑包括生活逻辑的控制和制约的。有些心理学家认为，"想象和形象思维很难从本质上去分清界限"。想象和形象思维确实有密切联系，但想象还不能等同于思维。想象与思维有交叉关系，思维过程中有想象，想象过程中有思维。想象和思维的区别主要在于：第一，思维一般是受控的，是在人的自我意识控制之下进行的，想象不受控的程度要比思维大得多。第二，思维一般是受客观世界的逻辑或人类生活的逻辑制约的，创造想象则摆脱了或在相当大的程度上摆脱了这些逻辑的制约。第三，思维是一个有相当长度的过程，而且彼此连贯；想象的过程一般较短，而且往往不连贯，如果想象有一个较长的过程，同时又连贯的话，那一定要有思维起贯通作用，——其实这已经是思维过程了。

钱学森指出，"我特别强调的是形象思维和灵感思维的重要性：在科学技术领域中，这两种思维是发明创造的动力，没有它们就不会有科学技术的突破。这一点在科技界中是被公认的；大科学家爱因斯坦就明确表示过，创造并非逻辑推理之结果，逻辑推理只是用来验证已有的创造假想。"作为资深科学家，作为有渊博知识并对思维科学有浓厚兴趣的学者，钱学森的上述看法是深刻而有根据的。

爱因斯坦惯用的"思维实验"，很大程度上就是一种形象思维。"思维实验"就是对理想对象在思维中进行"实验"。他在思维实验中经常使用的形象有：处在不同空间位置的时钟的指示、光信号抵达观察者、疾驰列车的位置和闪电的发生等等。

形象思维在科技创造中起重要作用。搞工程的人，当他进行发明创造或创造性设计时，就必须首先在自己的脑子里想象出创造物的形状和结构；当他研究机器的蓝图时，就必须准确地想象出这机器的整体结构及各部分之间的配置。

作家、艺术家的形象思维与自然科学家所使用的形象思维有所不同。科学家所想的形象是具体的事物，事物的形状、位置和颜色，或人类的某种具体行动。形象对科学家来说，只不过是达到目的的手段，他对形象本身并不作价值判断，而作家、艺术家则不仅力求形象的真实性，还要对形象本身作出政治的、道德的、审美的评价。科学家的形象思维常常是和冷静的思考伴随在一起的，而作家、艺术家的形象思维则常常和情感的活动伴随在一起。

在文学艺术的创作过程中，形象思维占主导地位，但逻辑思维并不退居幕后，形象思维与逻辑思维是交错进行的。素材的分析、综合、提炼，主题思想的确定，逻辑思维起着主要的作用。而人物形象的塑造、环境的渲染、情节和细节的描写则主要靠形象思维。但不论前者还是后者，形象思维和逻辑思维都是交错进行的，只是所占比重不同，而且这种交错对于作家、艺术家来说是不自觉的。

形象思维与情感智力有着独特的交叉关系。它们最明显的交合点在情感上。情感几乎渗透在文艺创作中形象思维的全过程，这是文艺创作形象思维区别于其他领域思维的显著特征。在文艺创作的形象思维中，有时情感智力有特殊表现。恩格斯在写给玛·哈克奈斯的信中说："巴尔扎克在政治上是一个正统派，他的伟大作品是对上流社会必然崩溃的一曲无尽的挽歌；他的全部同情都在注定要灭亡的那个阶级方面。但是，尽管如此，当他所深切同情的那些贵族男女行动的时候，他的嘲笑是空前尖刻的，他的讽刺是空前辛辣的。而他经常毫不掩饰地加以赞赏的人物，却正是他政治上的死对头，圣玛丽修道院的共和党英雄们，这些人在那时候（1830 – 1836 年）的确是代表人民群众的。这样，巴尔扎克就不得不违反自己的阶级同情和政治偏见；他看到了他心爱的贵族们灭亡的必然性，从而把他们描写成不配有更好命运的的人；他在当时唯一能找到未来的真正的人的地方看到了这样的人，——这一切我认为是现实主义的最伟大胜利之一，是老巴尔扎克最重大的特点之一。"为了真实地描写社会现实和人物形象而违背自己的感情倾向，这在文艺创作中并不罕见。屠格涅夫说过，"正确而有力地再创造真实……是文学家的最大幸福。即使这个真实与他个人感情不能一致。"托尔斯泰等作家也有类似情况。过去人们对这种现象作过很多研究，现在，我们从情感智力角度来看，可以有比较满意的解释。能够违背自己的感情写出真实的社会现实和人物形象，这正是对情感的一种控制，这是情感智商高的一种表现。用通俗的话来说，就是理智战胜了感情。可见，作家的情感智商高低不仅表现在日常生活和社会活动中，不仅表现在是否具有强烈而细腻的情感体验和表达能力，不仅表现在是否能将蕴藏在心中的丰富感情有节制、有方向地释放出来，而且还在于是否能在感情与真实产生冲突时，使真实和理智战胜感情。在这方面，巴尔扎克、托尔斯泰等人都是情感智商很高的大作家。

形象思维就其内涵而言一部分属于情感智力，一部分属于基本智力。而抽象思维则属于基本智力。

重视具体形象的记忆，这一点是与培养抽象思维能力的要求一样的，但归属不同，一个归属于形象思维，一个归属于抽象思维。

重视想象能力的培养。有了大量的具体形象的记忆，即表象，还必须通过想象把它们联结、组合起来。把许多想象用特定的方式、特定的结构联结起来，也就是用客观的、生活的逻辑将这些想象联结起来，形成形象思维。

重视情感的调节。积极创造有助于亢奋、悠然、愉悦等心情的形成。良好的心境也有助于情感与想象的协同相随。尽量避免忧郁、恐惧、暴怒等消极情绪。

第六章　想象力

第一节　想象力与成功

　　21 世纪，知识量与日俱增，科技发展日新月异，希望与挑战并存。为此，青少年应成为具有高素质的、有强烈创新意识和创新能力的人才。

　　创新离不开想象，创新必须以想象为基础。"想象是创造的先导，是从模仿到创造的阶梯。"只有丰富青少年的想象，他们的创造能力才能得到较好的发展。在众多哲学家和心理学家的视野中，想象作为创造力的本质属性，可把它视为创造力的源泉之一，同时也是创造原始本质的再现。亚里士多德指出："想象是一切创造活动的源泉。"著名的科学家爱因斯坦说："想象比知识更重要，因为知识是有限的，而想象力概括着世界上的一切，推动着进步，并且是知识进化的源泉。"

　　激发想象力，生发创新意识　正如黑格尔所说："最杰出的艺术本领是想象。培养一个人的创造性想象力，是非常有必要的。"可见，在一个需要具有创新精神和创新能力人才的社会，首先应培养青少年的创造性想象力，因为它是一切创造的前提和根基。

　　想象力就是在记忆的基础上通过思维活动，把对客观事物的描述构成形象或独立构思出新形象的力。简言之，就是人的形象思维能力。

古希腊的亚里士多德指出："想象力是发现、发明等一切创造活动的源泉。"没有想象力就没有创造，也就没有创新意识和创新精神。因此，注重想象力的培养，已成为当今世界先进教育思想的重要内容。可见，培养想象力对于青少年来说，是多么重要的一件事情。

在科学创造中，观察力、记忆力、思维能力使科学工作者获得信息。在错综复杂的信息面前，丰富的想象力使科学创造活动能够"思接千载"、"视域万里"，打破时间与空间的限制，使科学工作者的智力展翅高飞，开阔视野，看到前所未见的新天地。正如英国物理学家丁达尔所说："有了精确的实验和观测作为研究的依据，想象力便成为自然科学理论的设计师。"

在科学创造中，想象力渗透到观察记忆、思维、操作中去。英国化学家普利斯特列曾说到想象力渗透到科学创造中的作用。他说，"每个实验都倾向于证实某个假说，而后者无非就是关于某种自然现象的条件和原因的猜测。最有发明才干、最精明的实验家（就最广意义说）是这样的人，他们充分发挥自己奔放的想象，在风马牛不相及的概念之间寻找联系。即使这些对疏远的概念进行的比较是粗略的、不现实的，它们也还是会给别人做出重大的发现提供幸运的机会，而审慎、迟钝且又胆怯的'智者'对这种发现甚至都不敢去想。"

发明是一种创新活动，在动手之前先得把发明目标在脑子里刻下印象，然后构思出基本轮廓。因此，丰富的想象力亦为发明者所必须。

增强想象力的关键在于不断地打破习惯性思维对自己的束缚，经常进行发散性思维，亦即给思维插上翅膀，让它在广阔无垠的世界中自由飞翔。这种不着边际的思维就是我们常说的幻想。发明创造者同样需要幻想，同时我们还应懂得，尽管有些幻想被人斥之为"想入非非"，其实，想入非非未必非！在古代，"点灯不用油，耕地不用牛"，"用从月亮上取回的土种庄稼"等，无疑都是想入非非的幻想，然而通过人们艰苦的创造性劳动，这些幻想都变成了当今的现实。幻想是可贵的，同时它也是衡量一个人想象力强弱的重要标志。因此，想增强想象力的人不妨把自己培养成一个长期幻想者。

一切想取得发明成果的青少年，千万不可忽视创造者所必备的这种基本素质——想象力。

创造学之父奥斯本说："想象力是人类能力的试金石，人类正是依靠想象力征服世界。"古希腊哲学家亚里士多德说："想象力是发明、发现及其他创造活动的源泉。"

人的各种能力都不是孤立存在的，它常常依赖于别的一些因素。从表面来看，想象力是当一个人的思维不受某种特定的时空限制时所产生的一种飞跃。比如，拿众所周知的一个常识性问题"雪化了变成什么"来说，如果按照思维定势来回答，答案自然是"水"，但有一个孩子却说"变成春天"。这里有一个起决定作用的因素——情感，情感就像想象力的发酵剂，或者像托起想象力翅膀的风。试想，如果那个孩子不是那么地热爱春天，从心底里盼望春天快快到来，她的脑海中是不可能进闪出这样一个奇妙而充满诗意的意象的！

可见，离开了情感体验，想象力的翅膀就飞不起来，或者说，想象力就成了无源之水、无本之木。

陶行知先生说过："处处是创造之地，天天是创造之时，人人是创造之人。"只要我们教师经常潜意识地引导，学生的想象力就会越来越丰富，创造力就会不断提高。爱因斯坦说过：一切创造都是从创造性的想象开始的，想象力比知识更重要，因为知识是有限的，而想象力概括着世界上的一切，推动着进步并且是知识的源泉，想象是创新的先导，没有想象就没有创新，世界上许多发明创造都来源于科学家们的想象。

近代化学之父、英国化学家道尔顿将富于建设性的想象力形成为原子理论。恩格斯在他的遗稿《自然辩证法》中说"化学中的新时代是随着原子论开始的"这一论断，高度赞扬了道尔顿丰富的想象力和深刻的洞察力。以天才化学家而闻名于世的戴维特别富有想象力，碱金属的发现、碱土金属及硼元素的分离等都是他丰富的想象力和勇于创新精神的具体体现。

德国化学家凯库勒终生致力于探索有机化学的未知领域。在奠定有机化学理论基础、提出革新的有机化学的碳四价学说和链状结合假说以及苯结构假说方面都是他丰富想象力和勇于探索的结晶。他叙述了他坐在桌前写作他的化学教程教科书时怎样想象出了苯结构式："但事情进行得不顺利，我的心想着别的事情。我把座椅转向炉边，进入半睡眠状态。原子在我眼前飞动：长长的队伍，变化多姿，靠近了，连结起来了，一个个扭结着、回旋着，像蛇一样。看，那是什么？一条蛇咬住了自己的尾巴，在我眼前轻轻地旋转。我如从电掣中惊醒。那晚我为这个假说的结果工作了整夜……先生们，让我们学会做梦吧！"

知识是创造的基础，想象力是创造的翅膀，是创造的源泉。如果你积累了渊博的知识，又有丰富的想象力，那么你就能到未知的世界里去遨游，就能体会到创造发明给你带来的愉悦和乐趣。

丰富的想象可以使青少年的智力活动突破时间和空间的限制，把思维引向深化。想象力是发明、发现及其他创造活动的源泉，它比知识更重要，因为知识是有限的，而想象力概括着世界的一切，推动着社会的进步，并且是知识进化的源泉。首先要激发学生的想象。激发青少年的想象活动。其次要让自己储备丰富的表象。想象是以表象为基础的，表象正确丰富，想象才能开阔、深刻、符合实际。青少年的想象要符合实际，必须以知识经验为基础，按自然发展规律进行。

美国的莱特兄弟是人类历史上第一架动力飞机的设计师，他们为开创现代航空事业做出了不巧的贡献。他们的故事在全世界广为传颂。

哥哥威尔伯·莱特出生于1867年4月，4年后，弟弟奥维尔·莱特出世。年幼时，这对兄弟俩就已经显出对机械设计、维修的特殊能

力。他们善于思考，富于幻想，每当他们闲暇时，兄弟俩要么讨论某
一个机械的结构，要么就去看工匠们修理机器。他们手艺精巧，还经
常做出好些有创新意义的小玩具，比如会自由转弯的雪橇等等。

一天，出差回来的父亲给莱特兄弟带来一件礼物：一个会飞的蝴
蝶。父亲轻轻地给玩具上了上劲，小东西便在空中飞舞起来。小兄弟
俩高兴得不得了，但是他们觉得它飞的不够远，于是仿造玩具的样子
又做了几个更大一些的。这些仿制品有的能够飞越树梢，有的飞了几
十米远，但兄弟俩的一个尺寸很大的仿制品却遭到了失败。但这没有
让他们难过，反而激起了兄弟俩制造飞机的念头。

1894 年，莱特兄弟在代顿市开了一家自行车铺。由于他们俩工作
认真，手艺好，再加上价格公道，店铺的生意兴隆。富于创新精神的
莱特兄弟当然不会满足于这些，他们不愿终生与这些自行车零件打交
道，于是，他们决定开始去实现童年时的梦想。

莱特兄弟造飞机的想法得到了斯密森学会的赞赏。副会长写了一
封热情洋溢的信件，并寄来了好多参考书籍。兄弟俩大受鼓舞，一有
时间，他们就钻入书堆内如饥似渴地饱读着航空基本知识。很快，他
们有了造飞机的初步的能力。

1900 年 10 月，他们的第一架滑翔机试飞了，但是，试飞的结果
不尽人意，飞机只能勉强升空而且很不稳定。问题出在哪儿呢？经过
认真的分析才知道，原来他们所沿用的前人数据有理论上的错误。于
是，他们制造了一个风洞，以便通过实验修正数据，设计飞机。

这个风洞仅仅是一个 6 尺长，每边 12 寸宽的木箱，箱子的一端，
鼓风机以一定的速度向里吹气。与现代的高速风洞相比，它真是简陋
至极，然而就是这个小小的辅助工具却帮了兄弟俩大忙，他们通过它
得出了许多新的结论。根据它，兄弟俩设计出的第三架滑翔机获得了
成功，无论是在强风还是微风的情况下，它都可以安全而平稳地飞行。

滑翔机的留空时间毕竟有限，但假如给飞机加装动力并带上足够

的燃料，那么它就可以自由地飞翔、起降。于是，兄弟俩又开始了动力飞机的研制。

莱特兄弟废寝忘食地工作着，不久，他们便设计出一种性能优良的发动机和高效率的螺旋桨，然后成功地把各个部件组装成了世界上第一架动力飞机。

第二节 梦，并不神秘的王国

一、梦的定义

梦是一种主体经验，是人在睡眠时产生想象的影像、声音、思考或感觉。梦的内容通常是非自愿的，也有些梦的内容是自己可控制的。但是无论内容是控制的还是自愿的，但梦的整个过程是一种被动体验，而非主动体验过程。梦是一种神经行为，也有解释是人的潜意识突显。研究梦的科学学科称作梦学（oneirology）。做梦与快速动眼睡眠（REM sleep）有关，那是发生在睡眠后期的一种浅睡状态，其特色为快速的眼球水平运动、脑桥（pons）的刺激、呼吸与心跳速度加快、以及暂时性的肢体麻痹。梦也有可能发生在其他睡眠时期中，不过比较少见。

二、梦来源于记忆

由于我们梦境中的许多内容与自己最近的经历有关，因此有的科学家推测，大脑是从"说明性记忆"系统中提取做梦的素材的。"说明性记忆"系统包括了大脑最新获得的信息，储存着你可以说明自己知道的东西。例如9的平方根是多少，爱犬的名字是什么等。健忘症患者由于大脑中海马状突起受伤，失去了"说明性记忆"的能力。因此如果我们的梦来自"说明性记忆"，健忘症患者就不应该做梦，或者与其他人做梦的方式不一样。但是研究小组却发现：像有正常记忆的人一样，健忘症患者在入睡后也会"重放"他们最近的经历，唯一不同的是他们意识不到自己梦见的内容。在专家们的实验中，两组实验对象每天都要玩几个小时的"俄罗斯方块"，结果到了夜里，他们都梦到了旋转的、下落的方块。

三、梦的作用

那么梦对我们有什么作用呢？专家认为，大脑经常为一些难题所困扰，在睡梦中它将记忆、事实与感情结合起来，把它们像拼插玩具一样组合在一起，并把这些信息转换成我们可以理解的形式。斯提克戈德交给实验者一些复杂的问题，让他们在几天内拿出解决方案。在此期间一组对象被允许进入"REM 睡眠"（即眼球快速运动睡眠，是最深层次的睡眠，梦通常在这个阶段发生），另一组人则被迫保持清醒。结果发现前一组人比后一组人解决问题的进度明显要快。专家认为，这项实验表明大脑在睡梦中可以巩固已经获得的信息，并将其重新整合，换句话说，大脑在做梦时也在思考学习。

四、梦因之一

还有一种说法是这样的：在白天，我们的左右脑中，左脑掌管理性，右脑则相当善于想象和富有创造性。在我们睡觉的时候，尤其是浅眠时，右脑依旧会工作，只是这时右脑没有了左脑理性的控制，便会诞生许多稀奇古怪的事物，不再符合正常的逻辑。这就是怪梦形成的原因之一。

五、梦的原理

1. 信息运动原理

大脑存储的各种信息就像是地上的很多小纸条，如果这些小纸条与一些较大的作用力同时存在的话，就必然会产生运动；当人们睡觉时，大脑内的各种情绪和其他能量并没有消失（主要是侦测外界的危险），就自然会带动大脑内的信息；而大脑中的很多信息都是互相联系着的，那么就像是一个锁链，你提起了一端，另一端也会被提起，所以就引发了各种情景的梦境。

引发大脑能量运作，是有不同触发端的；主要分为外界触发端和内在触发端。

（1）外界触发端：主要是睡觉过程中，身体感受外界的各种信息，从而引发人们做相关信息的梦境。

如：当床铺比较热的时候，我们比较容易梦到"火"或各种"热源"；当旁边响起轻微的"警铃声"时，我们容易梦到"救火车"、"救护车"或"警车"等；当旁边有人播放"救命"的喊叫声时，我们就比较容易梦到"逃命"的场景；当全部加在一起，你将会梦到"火灾"，而你不久就会被恶梦所惊醒，依此来避免各种"灾难"。

（2）内在触发端：包括身体的疾病或舒适感，和心理的各种日常的思考、情感、喜好等。

其实在梦中，人们还是有一定意识的，可以进行一些逻辑思考和判断（因为这样可以更好地避开危险）。

如：当我们做梦自己牙齿掉了时，您就会在梦里反复的思考自己牙齿没了以后该怎么办等问题，说明在做梦时我们还是有"意识"的，可以进行各种"思考"的；最后有些人往往在这些思考中发现自己原来在"做梦"而后醒过来。

（3）物理因素：我国古代思想家认识到人的一部分梦境是由来自体内外的物理刺激制造的。来自体内的物理刺激，如一个人腹内的食物过量或不足的刺激而引起的梦境。所谓"甚饱则梦与，甚饥则梦取"，或"甚饱则梦行，甚饥则梦卧"。有来自体外的物理刺激，如人在睡眠中"藉带而寝则梦蛇，飞鸟衔发则梦飞"，"身冷梦水，身热梦火"，"将阴梦水，将晴梦火"，"蛇之扰我也以带系，雷之震于耳也似鼓入。"在梦的分类中的"感梦"（由感受风雨寒暑引起的梦）和"时梦"（由季节时令变化引起的梦）均属于由外部物理刺激引起的梦。我国现代著名心理学家张耀祥教授对此曾评论道："承认物理的刺激作为梦的原因，破除了无数关于梦的迷信。"

（4）生理因素：梦的过程就是自主神经系统在进入或退出休眠过程残留记忆，是复杂的自主神经系统，自然控制生物个体睡眠活动。或因为不同午龄段、不同性别、激素水平不同，出现性活动梦幻记忆残留；或因身体某部位极度疲劳或者松懈细胞代谢水平残留物蓄积导致神经系统感觉不同；或因睡眠期间环境噪声、噪光、温度变化、床铺震动等感觉不同，导致神经系统记忆残留不同；大部分睡眠都有梦，都忘记了。梦是自然的生理活动，梦本身没有任何意义。

（5）心理因素：我国古代思想家和医学家不仅认识到物理因素和生理因素可导致梦境，而且认识到心理因素也可导致做梦。有哪些心理因素会引起人的梦境呢？从我国古代思想家和医学家的言论来看，感知、记忆、思虑、情感、性格都会影响梦的产生及梦的内容。但论述较多的是思虑、情感、性格对梦的影响。

六、古代对梦的解释

我国古代思想家几乎毫无例外地认为日有所思，夜有所梦。东汉时期的王符就认为："人有所思，即梦其到；有忧，即梦其事。"又说："昼夜所思，夜梦其事。"他还曾举例说："孔子生于乱世，日思周公之德，夜即梦之。"列子认为"昼想"与"夜梦"是密切相关的。明代的熊伯龙亦认为，"至于梦，更属'思念存想之所致'矣。日有所思，夜则梦之。"同代思想家王廷相认为："梦，思也，缘也，感心之迹也。"那就是说梦既可由思虑引起，也可由感知、记忆引起。也即是说，王廷相认为人的整个认知过程都可引起梦境。如前文所述，他把夜间之梦看成是白日"思"的延伸、继续。所谓"在未寐之前则为思，既寐之后即为梦，是梦即思也，思即梦也"。他又说："思扰于昼，而梦亦纷扰于夜矣。"

东汉王符所说的"性情之梦"，《列子》中所言的"喜梦"、"惧梦"、"噩梦"均属于情感引起的梦。晋代的张湛亦云："昼无情念，夜无梦寐。"明代的熊伯龙，在承认思虑致梦的同时，也对情感致梦有十分深刻的认识。他举例说："唐玄宗好祈坛，梦玄元皇帝；宋子业耽淫戏，梦女子相骂；谢朓梦中得句，李白梦笔生花，皆忧乐存心之所致也。"

我国古代思想家认为，人的性格对梦的内容有很大的影响。所谓"好仁者，多梦松柏桃李，好义者多梦刀兵金铁，好礼者多梦簋篮笾豆，好智者多梦江湖川泽，好信者多梦山岳原野"，除了说明梦境必须依赖经验外，亦可说明梦对人性格的依存性。王廷相认为，具有"骄吝之心"的人，在梦中就会争强斗胜；而具有"忮求之心"的人，在梦中亦会追货逐利。总之，不同的性格对梦境中的内容有不同影响。

七、梦的心理学特征

一个典型的梦的叙述常常包含幻觉、妄想、认知异常、情绪强化及记忆缺失等特征。梦是以生动的充分形成的视觉领域占绝对优势的幻觉想象为特征。在大多数梦中、听觉、触觉及运动感觉的叙述也较普遍，味觉及嗅觉幻觉想象较少，而痛觉的幻觉想象则十分罕见。梦的特征是显著的不确切性、不连续性、未必可能性和不协调性。

在梦中对很久以前的人物、影象及事件可能被强化回忆出来，并常把关心的事物编织到怪诞的及瞬息的梦的结构中。因此梦本身可以看成是记忆增强，此种在梦态中被增强的记忆与梦态结束后恢复梦景的不可能性形成鲜明的对比。表明在增强记忆的梦中，存在着记忆缺失。当被试者于做梦时被叫醒，大部分梦的精神活动被遗忘。

梦与快速眼动睡眠的联系：梦主要发生于快速眼动睡眠期。唤醒处于快速眼动睡眠期中的儿童或成年人，约 60% ~ 90% 的人诉说醒前正在做梦。这比由非快速眼动睡眠期唤醒的人诉说做梦的比率（1% ~74%）要高得多，而且分布也较集中。在快速眼动睡眠中出现的器官功能变化（如眼球快速运动、心率及呼吸变化等）可理解为快速眼动睡眠与梦之间的生理性联系，或者说在快速眼动睡眠期具有更多的产生梦的心理生理基础。

八、精神分析

奥地利精神分析学家弗洛伊德从性欲望的潜意识活动和决定论观点出发，指出梦是欲望的满足，绝不是偶然形成的联想。他解释说，梦是潜意识的欲望，由于睡眠时检查作用松懈，趁机用伪装方式绕过抵抗，闯入意识而成梦。梦的内容不是被压抑与欲望的本来面目，必须加以分析或解释。释梦就是要找到梦的真正根源。

作者将梦分为显相和隐义。显相是隐义的假面具，掩盖着欲望（隐义）。白天受压抑的欲望，通过梦的运作方式瞒骗过检查以满足欲望。

任何的梦都是有意义的，都跟现实生活相连。但任何的梦都不是简单的与现实生活相连。它有时是反面的，有时是正面的，有时甚至完全与现实生活的情境相颠倒。但不管怎样，对梦的记叙和分析是认识自己的一个极佳途径。

九、梦的类型

古人根据梦的内容不同，把梦分为以下 14 类：

直梦　即梦见什么就发生什么，梦见谁就见到谁。人的梦都是象征性的，有的含蓄，有的直露，后者就是直梦。如你与朋友好久不见，夜里梦之，白日见之，此直梦也。

象梦　即梦意在梦境内容中通过象征手段表现出来。我们所梦到的一切，都是通过象征手法表现的。梦中登天，其实人是无法登天的。在此，天是具有象征意义的。如天象征阳刚、尊贵、帝王；地象征阴柔、母亲、生育等等。

因梦　由于睡眠时五官的刺激而作的梦。"阴气壮则梦涉大水，阳气壮则梦涉大火，藉带而寝则梦蛇，飞鸟衔发则梦飞"，此即因梦。

想梦　想梦是意想所作之梦，是内在精神活动的产物，通常所说"日有所思，夜有所梦"即想梦也。

精梦　由精神状态导致的梦，是凝念注神所作的梦，使近于想梦的一种梦。

性梦　是由于人的性情和好恶不同引起的梦。性梦主要不是讲做梦的原因，而是讲做梦者的对梦的态度。

人梦　人梦是指同样的梦境对于不同的人有不同的意义。

感梦　由于气候因素造成的梦为感梦。即由于外界气候的原因，使人有所感而作之梦。

时梦　时乃四时，由于季节因素造成的梦为时梦。"春梦发生，夏梦高明，秋冬梦熟藏，此谓时梦也"。

反梦　反梦就是相反的梦，阴极则吉，阳极则凶，谓之反梦。在民间解梦，常有梦中所作与事实相反之说，在历代典籍中，亦多有反梦之记载，成语中亦有黄粱美梦的典故，沈既济在《枕中记》中说卢生在梦中享尽了荣华富贵，醒来时，蒸的黄粱米饭尚未熟，只落得一场空。可见反梦在人的梦中占有很大的比重。

藉梦　也就是托梦。此类梦在古代书籍中也有不少记载。人们认为神灵或祖先会通过梦来向我们预告吉凶祸福。当今科学证明，也与我们遗传基因有关，祖先一些特殊经历通过代代相传而变成我们的梦境，使我们了解。知道一些危险的防御方法，所以有科学家认为如果没有梦境也许人类早就灭绝了。

转梦　转梦是指梦的内容多变，飘忽不定。

病梦　病梦是人体病变的梦兆，从中医角度来讲，是由于人体的阴阳五行失调而造成的梦。

鬼梦　即噩梦，梦境可怕恐怖的梦。鬼梦多是由于睡觉姿势不正确，或由于身体的某些病变而造成的梦。

据最新研究，梦的意义并没有我们通常认为的那么复杂，也没有隐喻特殊的含义。梦，是潜意识的情绪表达，人的喜怒哀乐的不同情绪，呼吸方式自然不同，便会出现不同的梦境，美梦，是情绪的表达；恶梦，是身体状况的警示。一般是着凉，不能进入深度使睡眠，是浅意识告诫应添加衣服，调解呼吸方式来化解气滞血淤。（比如：睡前听愉悦的音乐来引导情绪，或伴着音乐入睡）我们为什么会做梦？梦的产生机制还不清楚，可能入睡后，一些器官（包括感觉器官）的活动会引发做梦。梦的内容与我们的期望、企图、担心等各种心理趋势有关。经实验证实，梦的内容倾向是可以人为改变的，如你想做飞翔的梦，只要你在入睡前默想，经过多次努力就能实现做飞翔的梦，但梦的内容并没有特殊意义的隐含。不管是做了什么梦，好梦也好，恶梦也罢，切不可因此而影响正常的生活，梦只不过是人无法完全控制的一种情绪表达，不必太看重梦的好坏。

十、关于梦的几件事

1. 在一个晚上，你可能做几个或者十几个梦。

研究梦的专家说，我们每晚做梦不止一次，有时会做好几次梦。当然，有些梦境你可能无法完全记清。洛温伯格解释说，"整个夜间每90分钟即为一个做梦周期，具体持续时间长度会逐渐延长"。据估计，人的一生可能拥有超过100 000个梦境。

2. 梦醒后，还可以在梦中萦绕。

当你从一个完美至极的梦境醒来后，仍然希望自己能够回到刚才的梦境状态好好享受美梦。事实上，你可以回到刚才的梦境中好好享受！静静地躺着——千万别动——此时，你仍然可以停留在半梦境状态，大概会持续几分钟。

3. 梦可以帮助学习。

在哈佛医学院的研究人员说："如果你要准备考试、或者尝试学习一门新的技术，可以考虑午睡或去早点上床睡觉，而不是将鼠标悬停在一本教科书一小时或更长的时间。当大脑处于梦境状态时，你的学习效率会提高且有助于解决相关问题。"据最新一份研究报告：梦是大脑加工，整合和理解新的信息的一种方式。为了提高你的睡眠质量，避免卧室的噪声，如电视，这可能会产生负面影响的梦境。

4. 重复的梦境是你的一种内心提醒方式。

一遍又一遍，你是否曾经屡次出现同样的恶梦？洛温伯格建议我们，每当此时都应该从这些反复出现的梦境中找其背后信息，以便顺利阻止其再次出现。例如，人们经常会梦到的恶梦是自己的牙齿掉了或断了。出现此类梦境时，应思考自己的牙齿及嘴巴所代表的具体意义。

5. 醒着的梦。

事实证明，你可以在你的办公桌，在工作中，在汽车上，甚至在你的孩子的足球游戏里做梦。巴克利博士说，清醒的梦境——即并非那种模糊不清的白日梦——具有其现实意义，而且相对容易出现，这种梦境只和自己的积极思维有关。

（十一）周公解梦

"周公解梦"是我国古代文化遗产，是劳动人民智慧的结晶，虽难登大雅之堂，但在民间却流传甚广。周公解梦共有 9 类梦境的解述，分别是：动物篇、植物篇、物品篇、活动篇、生活篇、建筑篇、自然篇、神鬼篇、其他篇。《周公解梦》该书是一本类似于解梦词典的书。但是梦因本来是错综复杂的。每一个梦代表的含义都不同。所以这本书并不是我们的解梦帮手，也无法判断福祸。

相关名言

●梦想绝不是梦，两者之间的差别通常都有一段非常值得人们深思的距离。（古龙）

●一个人如果已经把自己完全投入于权力和仇恨中，你怎么能期望他还有梦？（古龙）

●梦是心灵的思想，是我们的秘密真情。（杜鲁门·卡波特）

●梦想只要能持久，就能成为现实。我们不就是生活在梦想中的吗？（丁尼生）

●梦想一旦被付诸行动，就会变得神圣。（阿·安·普罗克特）

●一切活动家都是梦想家。（詹·哈尼克）

●人生最苦痛的是梦醒了无路可走。做梦的人是幸福的；倘没有看出可以走的路，最要紧的是不要去惊醒他。（鲁迅）

●不要光做梦，要学会把梦变成真。当青云平步手攀丹桂时，自

有凌云志。（方海权）

● 梦想家的缺点是害怕命运。（斯·菲利普斯）

● 梦想家命长，实干家寿短。（约·奥赖利）

● 梦境每是现实的反面。（伟格利）

● 一个有事业追求的人，可以把"梦"做得高些。虽然开始时是梦想，但只要不停地做，不轻易放弃，梦想能成真。（虞有澄）

生物学家洛伊早上 6 点钟，他突然想到，自己昨夜记下了一些极其重要的东西，赶紧把那张纸拿来看，却怎么也看不明白自己写的是些什么鬼画符。幸运的是，第二天凌晨 3 点，逃走的新思想又回来了，它是一个实验的设计方法，可以用来验证洛伊 17 年前提出的某个假说是否正确。洛伊赶紧起床，跑到实验室，杀掉了两只青蛙，取出蛙心泡在生理盐水里，其中一号带着迷走神经，二号不带。用电极刺激一号心脏的迷走神经使心脏跳动变慢，几分钟后把泡着它的盐水移到二号心脏所在的容器里，结果二号心脏的跳动也放慢了。这个实验表明，神经并不直接作用于肌肉，而是通过释放化学物质来起作用，一号心脏的迷走神经受刺激时产生了某些物质，它们溶解在盐水里，对二号心脏产生了作用。神经冲动的化学传递就这样被发现了，它开启了一个全新的研究领域，并使洛伊获得 1936 年诺贝尔生理学或医学奖。

元素周期律当时已经发现了 63 种元素，科学家无可避免地要想到，自然界是否存在某种规律，使元素能够有序地分门别类、各得其所？35 岁的化学教授门捷列夫苦苦思索着这个问题，在疲倦中进入了梦乡。在梦里他看到一张表，元素们纷纷落在合适的格子里。醒来后他立刻记下了这个表的设计理念：元素的性质随原子序数的递增，呈现有规律的变化。门捷列夫在他的表里为未知元素留下了空位，后来，很快就有新元素来填充，各种性质与他的预言惊人的吻合。

第三节 别在"白日梦"里走得太远

"在我读小学六年级的时候,无意中接触了言情小说、武侠小说。可怕的是我竟然幻想出了一个并不存在的世界:我是一个美貌、有钱、武功高强的冷酷无情的女人,一个各方面极佳、爱我至深的男人成为我的虐待对象。我还会想象出许多情节去完善、延续我幻想的世界。"

"以前,我只有刻意去想的时候这样的情景才在我脑海中出现。可是现在我发现自己变得神情恍惚。上课注意力无法集中,脑子里却总是在为那个幻想的世界编造故事,它就像个幽灵缠绕着我……"

缠绕女孩的那个幽灵是什么?那便是我们平常说的"白日梦"。

从心理学来看,所谓白日梦,是在非睡眠的状态下产生的高度自我的超越现实的打破时空界限的一种幻想活动,是一种很多人都体验过的心理现象。说它在非睡眠状态下产生,是说它虽然不是在睡眠时却也不是在很清醒时发生,在这样的幻想活动中人的意识有轻度模糊,又未混淆现实与幻想的区别,仍能对客观现实作出适当反应。

白日梦的形成原因:

1. 疾病因素。

2. 工作生活单调重复、枯燥。

3. 对当前所做事情不感兴趣。

4. 正在从事的活动不需要太多的脑力支持,如果这时候没有明确目标,脑力资源可以释放,形成白日梦。如走路、因病卧床等。

5. 受到外界因素的干扰。如书籍、影视等。或者一些能引起情绪大幅波动的事情,如批评、受欺负、恋人或家庭成员的矛盾等。

6. 自身修养自控能力,注意力集中程度等。对学习工作生活的规划能力与白日梦频率成反比。

7. 对社会或生活的不满。

8. 药物影响。

白日梦似乎很偏爱少男少女。因为青少年心中有太多的愿望，而由于年龄、知识、能力等的局限，使许多愿望不能变成现实。于是心理冲突出现了。满足自己内心的愿望、缓解心理冲突维护心理平衡，白日梦是最好的选择。

白日梦对人的心理和生活具有一定的积极意义。一是心理趋同作用。白日梦中的角色，通常是主体在心理上认同的一个目标，这个目标可能是具体的，也可能是泛化的。不管怎样，认同的目标都会通过"趋同作用"，转化为个人意志行动的动力。二是心理激发作用。白日梦可以激发起青少年对未来的向往和憧憬，激发起他们心中的希望和信心，以致激发起他们为实现目标而进取的行动。在艺术活动中，白日梦还可激发艺术创作的灵感。三是心理自慰作用。人的欲望是没有止境的，对那些不能实现的愿望，可以借助白日梦在幻想中来满足。做白日梦时人会体验到一定程度的欣快感，从而获得心理自慰，实现心理平衡，起到心理保健的作用。

但是，白日梦又会变成一个可怕的世界。如果以白日梦完全取代现实生活中有意义的行动，并把它变成逃避现实的手段，那就可能成为心理病态的征兆。一味沉溺于白日梦之中往往是心理退缩现象，是"长不大"的一种表现。如果青少年过分沉迷于虚幻的白日梦不能自拔，任凭虚无缥缈的梦境主宰自己，那么，白日梦就会吞噬你的青春和理想。因为，一个人总是沉迷于梦境之中不能醒来，你还怎样自立于现实世界？

在青少年的白日梦中，相当多的内容是关于性幻想的。性幻想原本不是什么错事，它是人在非睡眠状态时获得性快感的一种相当普遍的正常的性心理现象。性幻想还可以使青少年在性欲望方面获得一种替代性的满足，缓解性压抑，有利于心理平衡。但是，过分的沉溺于关于性方面的白日梦之中，会让人丧失生活动力而陷于萎靡不振的状态。

上面故事中的女孩就是在白日梦的世界里走得太远了。她很可能是一个内向而软弱的女孩，而且不善交往。而且，她很可能在生活中有过受男孩子欺负的经历，让她对男孩子怀有深深的怨恨。由于爱读那些言情和武打方面的书，加上正处于多梦的年龄，于是在白日梦的世界里寻找到了一种替代性的满足。但是，她沉溺于白日梦之中不能自拔了。

青少年的白日梦，因人而异。有人把自己幻想成白马王子、白雪公主，有人把自己幻想成富人盖茨、飞人乔丹，有人把自己幻想成大侠佐罗、现代超人……无论具体角色如何，反正都是胜利者成功者。于是，在现实生活中一心向往的却无法满足的愿望在幻想中实现了。这种画饼充饥的心理其实也有一定的积极作用。一是心理激发作用。白日梦中的角色一般都是做梦者在心理上所认同的一个目标。不管这个目标是具体的还是泛化的，它都会通过心理趋同作用转化为个体意志行动的动力，激发个体心中的希望和信心，以致激起他们实现目标的进取心，甚至有的还能激起某方面的灵感。二是心理平衡作用。人的欲望特别是青少年的欲望是没有止境的，主客观的条件又决定了这些愿望不可能一一满足。对那些无法实现的愿望借助白日梦的方式来获得替代性的满足，便会体验到一定程度的愉悦感，从而缓解心理压力，起到心理平衡心理自慰心理保健的作用。所以心理学已经肯定了白日梦对人的心理和生活具有一定的积极意义。

那么青少年学生的白日梦该怎样加以引导呢？

首先，要让学生正确认识白日梦。可以给学生适当地介绍心理学方面的知识，使其明白白日梦并不神秘，也不可怕，其出现很正常。这种正常当然也包括青少年白日梦中的一个主要内容——性幻想。有专家指出，性幻想是所有性现象中最为普遍的几乎人人都有过的心理现象，没必要戴上有色眼镜来审视。何况它还能缓解性压抑，有利于心理平衡。当然，性幻想也好，超人的幻想也好，毕竟都是白日梦，而白日梦则是把双刃剑，有一定的积极作用，也会产生极大的消极作用，甚至造成人生悲剧。

其次，要求学生按时控制白日梦。在心情压抑时，在合适的环境下，不妨适度利用白日梦，但入梦之前一定要给自己定一个时间，让自己到时准时"醒来"。有心理学家建议，每天做白日梦时间以不超过 30 分钟为宜，做梦者还应当清醒地知道幻想就是幻想，永远不能替代现实，这样大脑中就装上了闹铃，会定时地把你拉回现实。

再次，教会学生善于摆脱白日梦。当发现自己沉迷于白日梦不能自拔时，不要惊慌失措或自悔自责，重要的是学会自救及时跳出，最好的办法是从改变生活内容入手，比如暂时告别有曲折情节的小说和影视，暂时离开独处的安静的环境，多与周围人接触相处，多参加一些文体娱乐活动等等，不提供幻想的环境和条件。如果这样还不能把自己从虚幻的世界唤醒，那就要立即求助于心理老师或心理医生了。

第四节　开发想象力的心理策略

想象力是让我们的人生获得成功非常重要的心理能力。因为想象力是智力的翅膀，想象力是创造的序曲。

开发想象力的心理策略主要有以下几方面。

一、丰富表象储备

表象（representation）是客观对象不在主体面前呈现时，在观念中所保持的客观对象的形象和客体形象在观念中复现的过程。表象不仅是一个人的映象，而且是一种操作，即心理操作可以以表象的形式进行，即形象思维活动。从这个意义上说，表象的心理操作、形象思维与概念思维可处于不同的相互作用中。在心理学中，表象是指过去感知过的事物形象在头脑中再现的过程。

表象是外物的呈现方式，自在之物呈现给我的东西才叫表象，它自在的状态不叫表象，只是物自身。自在之物是如何呈现给我们的呢？其途径就是自在之物发出信息，这些信息通过我们的感官进入主体内，主体利用自己的设备把这些信息转化为表象，表象就是自在之物的呈现，表象呈现给我们，我们就看到了事物。就像有线电视通过光缆把信号传递到电视机中，电视机将信号转化为图像，我们就看到了电视节目。不能说我们看到了电视信号，我们只能看到电视屏幕上的图像。同理不能说我们看到了信息，而是我们看到了通过我们的感官将信息转化来的表象。也不能说我们看到的是外物，而只能说我们看到的是外物的表象。

在感觉和知觉的基础上形成的具有一定概括性的感性形象，是感性认识的高级形式。表象与知觉的主要区别在于：知觉只有当对象作用于感觉器官时才存在，表象则可以在这种作用消失后继续存在。有些表象是对静态的和动态的知觉的再现，称为记忆表象。有些表象是对知觉的概括和重组，称为想象表象。人们还可以从对许多个别事物的知觉中抽取某些共同方面形成一般表象，也可以把知觉要素任意组合形成虚构的表象。表象是对感觉、知觉的重组和加工，接近于理性认识，在感性认识上升到理性认识的过程中有重要作用，但它还没有超出感性认识的界限，仍是感性的具体形象。

表象是事物不在面前时，人们在头脑中出现的关于事物的形象。从信息加工的角度来讲，表象是指当前不存在的物体或事件的一种知识表征。这种表征具有鲜明的形象性。

表象是我们看见事物的印象。

二、丰富语言文字

如何丰富自己的语言？

1. 以竞赛激发兴趣，扩大储备

兴趣是学生主动阅读、大量积累语言的保障。"不积跬步，无以至千里；不积小流，无以成江海"、"积土成山，风雨兴焉；积水成渊，蛟龙生焉"。

2. 扩词换词多比较，多思善积

利用扩词、换词及比较的方法，既可以启发学生联想和扩展，又可以发展学生组合多种信息的创造思维能力，同时促进学生语言的发展和积累。

3. 运用语言，多加指导

语言是思想的外衣。语言贫乏，表达思想就会辞不达意。有了丰富的语言积累，才有可能笔随人意，甚至妙笔生花。可见，发展语言是习作教学的主要任务。如何去积累语言呢？

阅读。阅读是积累语言的重要途径，必须重视进行广泛的阅读。在班上的图书角有不少优秀书籍，要自觉借阅并认真阅读，边读边做好读书笔记。无论在阅览室还是书店，多看适合自己阅读的各种书刊。利用课余时间大量阅读一些科普读物、少儿报刊、中外名著……通过大量的阅读既丰富自己的词汇，又丰富写作思维。

背诵。语文课本中有不少文质优美的课文，要多品读精彩的部分并要求熟读成诵。对于课本单元练习的"诵读与欣赏"中列出的精美的成语、歇后语、谚语、名言、诗文，要安排时间练习背诵默写。这样长期坚持，日积月累，让课本中的语言文字变成自己的储备和财富，一旦用时，会自然涌上笔端，大大提高自己的语言文字水平。

摘录。平时要十分重视阅读方法的养成，培养自己不动笔墨不读书的习惯。可以制作一本文摘卡，把阅读时遇到的优美词句，精彩片段分门别类地摘录下来。经常拿出文摘卡来诵读品味，天长日久，就会不断受到语言熏陶。习作时，所需词句就会随着思绪自然流淌出来，奇妙组合，写起来也就感到得心应手，妙语连珠。

三、丰富生活经验

你可以多些和你的朋友聊天，因为每个人知道的东西总是不一样的。不要局限于游戏什么的，你最好能把你遇到的问题，原封不动地问一下你的朋友是怎么做的，不同的人，做法会不同，这就可以增加你的生活经验。

再者就是，你能多出去就多出去。在外面的见闻，亲身经历，肯定比道听途说来的新鲜。来的直接。生活经验，除了言论，还有能力。

你要增加经验，最简单的是，做家务。什么家务都跟着学学，然后长时间地做家务。能坚持的话，就说明你可以适应同种且几乎不变的工作，这也是经验。还有，书籍的问题。读的书多一些，不要局限于漫画、小说，尤其是言情小说。你可以去读一下那些关于心理的、人际交往的书，关于礼仪的书，这对你的以后交往绝对有帮助，这也是生活经验。最后一个，你的特长。如，你能弹吉他，那就好好练习吉他，这也是生活经验。

四、参加创造活动

活动伴随着我们的精神生活和物质生活，却常常因为与我们的生活息息相关而为我们所忽略。当浮躁的现代人用大部分时间与精力关注自己的为官为商之道的时候，其实是在远离生命原本的意义。

五、运用各种想象

想象它是一种特殊的思维形式，是人在头脑里对已储存的表象进行加工改造形成新形象的心理过程。它能突破时间和空间的束缚。想象能起到对机体的调节作用，还能起到预见未来的作用。

想象作用

1. 补充作用：对人类认识活动的补充。
2. 预见作用：预见活动结果，指导活动方向。
3. 代替作用：满足现实中不能实现的需要。
4. 对机体的调节作用：在欧洲的中世纪，发现有一些患有歇斯底里症的病人，当他们想到耶稣基督受难的痛苦时，其手掌和脚掌上就会出现淤血或溃疡的症状，形同自己受到同样的酷刑一样。还有，当人们手拿一根系着重锤的直线，闭上眼睛想象重锤做圆周运动时，会发现重锤真的转动起来了。而当想象举重时，会感觉到肌肉的紧张，并能记录到肌肉相应的生物电活动；想象视物引起眼动。想象可以改善个体的身体状况，当然也能使人体出现病理性变化，如假孕、误诊、被害妄想症等。

六、培养正确幻想

幻想是青少年的一种宝贵品质。但一个人必须把幻想和现实结合起来，并且积极地投入实际行动，以免幻想变成永远脱离现实的空想。同时，一个人还应当把幻想和良好愿望、崇高理想结合起来，并及时纠正那些不切实际的幻想和不良愿望。

青少年的想象特点是大胆、无拘无束，因为有着强烈的好奇心和很容易被激发的求知欲，好学、好问、好幻想。中学时是创造力的萌芽时期，也是决定一个人想象力好坏的关键时期。

第七章 创造力

第一节 创造力与成功

一、何为创造力

创造力，是人类特有的一种综合性本领。它是知识、智力、能力及优良的个性品质等复杂多因素综合优化构成的。创造力是指产生新思想，发现和创造新事物的能力。它是成功地完成某种创造性活动所必需的心理品质。例如创造新概念、新理论，更新技术，发明新设备、新方法，创作新作品都是创造力的表现。创造力是一系列连续的复杂的高水平的心理活动。它要求人的全部体力和智力的高度紧张，以及创造性思维在最高水平上进行。

真正的创造活动总是给社会产生有价值的成果。人类的文明史实质是创造力的实现结果。对于创造力的研究日趋受到重视，由于侧重点不同，出现两种倾向，一是不把创造力看作一种能力，认为它是一种或多种心理过程，从而创造出新颖和有价值的东西；二是认为它不是一种过程，而是一种产物。一般认为它既是一种能力，又是一种复杂的心理过程和新颖的产物。

有人认为，根据创造潜能得到充分的实现。创造力较高的人通常有较高的智力，但智力高的人不一定具有卓越的创造力。根据西方学者研究表明，智商超过一定水平时，智力和创造力之间的区别并不明显。创造力高的人对于客观事物中存在的明显失常、矛盾和不平衡现象易产生强烈兴趣，对事物的感受性特别强，能抓住易为常人漠视的问题，推敲入微，意志坚强，比较自信，自我意识强烈，能认识和评价自己与别人的行为和特点。

创造力与一般能力的区别在于它的新颖性和独创性。它的主要成分是发散思维，即无定向、无约束地由已知探索未知的思维方式。按照美国心理学家吉尔福德的看法，发散思维当表现为外部行为时，就代表了个人的创造能力。

可以说，创造力就是用自己的方法创造新的、别人不知道的东西。

二、创造力比知识更重要

美国中学生奥林匹克比赛中有一道竞赛题，要求参赛学生设计一种水上运载工具，但要打破常规造型，强调求异思维，体现创新精神。许多学生绞尽脑汁，设计了各种造型的运载工具，可总摆脱不了大家熟知的船的形状和结构，唯独有一位学生构思奇特，他设计的作品像一只硕大的"水蜘蛛"，不像船那样在水上航行，而是像水蜘蛛那样在水面上"爬行"。这件作品在所有参赛作品中独树一帜，引人注目。虽然这一设计最后在实际操作中失败了，但几乎所有的评委都给他亮了最高分。

这是培养学生创造能力的一个实例。社会进入信息时代，新技术革命风起云涌，各国都把培养学生的创新精神和创造能力放到了异常突出的地位。因为创造活动是人类生存与人类文明持续发展的重要保证，是人类知识进化的源泉。"创造力比知识更重要"。

三、怎样培养创造力

科学巨匠牛顿说，他所以取得伟大的成就，是因为他站在巨人的肩膀上。这"巨人"可以理解为无数前人所创造的知识的化身。积累知识是基础，融通知识更重要。现代科学技术正朝着既不断分化又不断综合的方向发展，新知识的生长点往往出现在学科的边缘和学科之间的交叉处。学文科的学生应懂一些理科知识，学理科的学生也应涉猎文学艺术。法国化学家利希腾贝格说过："一个只知道化学的化学家，他未必真懂化学。"广泛涉猎，博学多识，学贯古今，触类旁通，应该成为当代有志中学生共同的追求。

我们掌握的知识越多，就越容易产生新的联想、新的见解、新的创造；但我们对某一事物的传统意义知之太多，又会阻碍思维的灵活性，使我们不由自主地被前人牵着鼻子走，从而形成智力屏障，导致创造能力的僵化。古今中外有不少人勤奋刻苦，但终其一生，有积累而无创造，为知识所累，为知识所困。同学们要学会把心智的"杯子"空出来，为思路的开拓变化留有充分的余地，使知识能灵活地聚合、置换、跳跃、碰撞，迸发出创造的火花。

善于捕捉热线，随时记录灵感。"热线"就是酝酿成熟了的想法和思路，一旦有热线闪烁就要抓住不放，深入挖掘。当然也要善于抓住转瞬即逝的"一闪之念"，对于那些突然闯入脑际的新思想、新概念、新形象，要随时摘记，定期整理，深入思考，激发创造。化学家诺贝尔就是受到笔记本中"硝化甘油掉在沙地上随即凝结起来"这句话的启发，成功地解决了硝化甘油的运输问题。每一位学生都要为自己准备一本思想记录本，当新的思想、新的灵感在头脑中闪现的时候，及时把它记下来，长期坚持，养成习惯，敏捷的思维品质和出众的创造才能就能逐渐培养出来。

四、创造力的构成因素

1. 知识

包括吸收知识的能力、记忆知识的能力和理解知识的能力。吸收知识、巩固知识、掌握专业技术、实际操作技术、积累实践经验、扩大知识面、运用知识分析问题，是创造力的基础。任何创造都离不开知识。知识丰富有利于更多更好地提出创造性设想，对设想进行科学的分析、鉴别与简化、调整、修正有利于创造方案的实施与检验，有利于克服自卑心理，增强自信心。这是创造力的重要内容。

2. 智力

智能是智力和多种能力的综合，既包括敏锐、独特的观察力，高度集中的注意力，高效持久的记忆力和灵活自如的操作力，也包括创造性思维能力，还包括掌握和运用创造原理、技巧和方法的能力等。这是构成创造力的重要部分。

3. 人格

包括意志、情操等方面的内容。它是在一个人生理素质的基础上，在一定的社会历史条件下，通过社会实践活动形成和发展起来的，是创造活动中所表现出来的创造素质。优良素质对创造极为重要，是构成创造力的又一重要部分。

优良的个性品质如永不满足的进取心、强烈的求知欲、坚韧顽强的意志、积极主动的独立思考精神等，是发挥创造力的重要条件和保证。总之，知识、智能和优良个性品质是创造力构成的基本要素，它们相互作用、相互影响，决定创造力的水平。

五、创造力的行为特征

1. 变通性

思维能随机应变，举一反三，不易受功能固着等心理定势的干扰，因此能产生超常的构想，提出新观念。

2. 流畅性

反应既快又多，能够在较短的时间内表达出较多的观念。

3. 独特性

对事物具有不寻常的独特见解。聚合思维在创造能力结构中同样具有重要作用。所谓聚合思维是指利用已有定论的原理、定律、方法，解决问题时有方向、有范围、有程序的思维方式。发散思维与聚合思维二者是统一的、相辅相成的。人们在进行创造性活动时，既需要发散思维，也需要聚合思维。任何成功的创造性都是这两种思维整合的结果。创造力与一般能力有一定的关系，研究表明，智力是创造能力发展的基本条件；智力水平过低者，不可能有很高的创造力。

另外，创造力与人格特征也有密切关系。综合多人研究的结果表明，高创造力者具有如下一些人格特征：兴趣广泛，语言流畅，具有幽默感，反应敏捷，思辨严密，善于记忆，工作效率高，从众行为少，好独立行事，自信心强，喜欢研究抽象问题，生活范围较大，社交能力强，抱负水平高，态度直率、坦白，感情开放，不拘小节，给人以浪漫印象。

六、创造力的培养方式

1. 原理

激发求知欲和好奇心，培养敏锐的观察力和丰富的想象力，特别是创造性想象，以及培养善于进行变革和发现新问题或新关系的能力；

重视思维的流畅性、变通性和独创性；

培养求异思维和求同思维；

培养急骤性联想能力。急骤性联想是指集思广益方式在一定时间内采用极迅速的联想作用，引起新颖而有创造性的观点。

一个学校招来一位公关教师，领导交代要在半个月之内和当地教育部门建立起联系。

一连几天，小伙子也找不到一个熟悉的人，硬是打不进去。这时他发现，这个机关的许多人天天中午都去打乒乓球。于是，小伙子赶紧到商店去买来一副球拍，天天中午都到这里来。人多的时候他就看，人少的时候他就参战，结果机关里的人谁都打不过他。小伙子人长得帅，特会来事，大家都喜欢他，他更热心当陪练。为了熟悉各科室的人员，他有意把球拍今天落到这屋，明天又落到那屋。就这样，两周后，当他领着学校校长来教委办事，机关人员才恍然大悟，原来是一位公关教师！

美国有一家生产牙膏的公司，产品优良，包装精美，深受广大消费者的喜爱，每年的营销额蒸蒸日上。记录显示，前 10 年，每年的营业额增长率为 10%～20%。这令董事会兴奋万分。

不过，进入第 11 年、第 12 年、第 13 年时，营销额则停滞下来，但每月大体维持在同样的数字，董事会对此 3 年的业绩表现感到强烈不满，便召开销售经理以上的高层会议，商讨对策。

会议中，有名年轻的经理站了起来，对总裁说："我有一张纸条，纸条里有个建议，若您要采用我的建议，必须另付我 5 万美元。"

总裁听了很生气地说："我每个月都支付给你薪水，另有分红、奖金，现在叫你来开会讨论对策，你还另外要求 5 万美元，是不是过分？""总裁先生，请别误会，您支付我的薪水，让我平时卖力为公司工作，但这是一个重大而又有价值的建议，您应该支付我额外的奖金。若我的建议行不通，您可以将它丢弃，1 分钱也不必支付。但是，您损失的必定不止 5 万美元。"年轻的经理说。"好，我就看看它为何值这么多钱？"总裁接过那张纸条，阅毕，马上签了一张 5 万美元的支票给那个年轻的经理。那张纸条上只写了一句话："将现在的牙膏开口直径扩大 1 毫米。"

总裁马上下令更换新的包装，试想，每天早晚，消费者多用直径扩大了 1 毫米的牙膏，每天牙膏的消费量多出多少倍呢？这个决定，使该公司第 14 个年头的营业额增加了 32%。

一个小小的改变，居然引起了意料不到的变化！当你习惯于旧有的思维模式而走不出一条新路时，何不将你的脑袋打开 1 毫米！

名人名言

无可否认，创造力的运用、自由的创造活动，是人的真正的功能；人的创造活动，是人的真正的功能；人在创造中找到他的真正幸福，证明了这一点。

——阿诺德

人才最本质的特点在于创造。

——佚名

人可以老而益壮，也可以未老先衰，关键不在岁数，而在于创造力的大小。

——卢尔卡尔斯基

创造者才是真正的享受者。

——富尔克

一个具有天才的人，具有超人的性格，绝不遵循通常人的思想和途径。

——司汤达

独立性是天才的基本特征。

——歌德

欢乐的名字是创造。

——希恩

世界上所有美好的事物都是创造力的果实。

——米尔

第二节　创造需要"胡思乱想"

古人云："创，始造之也。"

想象力能使常被认为不可能的东西变为现实。拿破仑说过："想象支配人类。"想象力，这是人的伟大之处。美国著名心理学专家丹尼尔·高曼说："要想在事业上有所成就，将以有无创造性思维的力量来论成败。"而作为决定创造范围的想象力就当然显得很为重要了。

在一个信息封闭的社会之中、在一个没有历史文化积累的社会之中，创造也许是件容易的事情。为了生存和发展几乎所有的人都不得不开动脑筋、想尽一切办法去创造，尽管这个"你之创造"非"彼之创造"，可能是个他人早已实践过的成熟案例，但对你所在的环境而言，它依然是个创造。

有史可记的几千年中国历史中有过四大发明，可谓是人类史中的创造。

创造重要的不是仅指实物，更包涵着一种精神，因此"对已积累的知识和经验进行科学的加工和实用性的改革，以产生新的概念、新的知识、新的思想和新的产品"也是一种创造，尽管非始造之创也，乃曰：创造力。

也许中国缺少的不是创造而是创造力。几千年的中国传统文化中更多地强调的是皇权文化。儒家思想的核心是一种只对上负责的精神。这样的思想影响至今仍局限着国民的想象力，不出轨的行为规范仍紧紧地约束着国民的意识、毁灭着创造力生存的基础。新中国成立初期计划经济不需要创造，供给制让人从孩提时期就纳入了分配的体制，从口粮、入学、就业等等一生的安排似乎都没有过自由选择的余地，更不可能做出前所未有的事情。

中国的改革开放首先从解放思想开始。思想的被禁锢是没有创新和创造的根源。确实，改革之后中国开始出现了各种各样的创新，包括政治体制、法律、所有制、公司治理结构等等，从宪法修改到土地承包，以及日常生活用品和人民生活方式的各种变革。

创新是对传统文化的挑战，是对传统体制的挑战，也是对传统生产方式的挑战，更是对习惯性生活方式的挑战。大量的创造产生于开放式的"胡思乱想"。美国许许多多的科技成果不正是来源于文艺和电影作品中的幻想吗？因此大约先要有一个允许人们拥有无限想象力的生存环境和一个允许人们将无限的想象力用于实践的"试验场所"。

以房地产开发为例。作为房地产开发商本应该成为城市面貌的创造者，我们也想努力为提升城市的价值而试图创新，但我们实际所能做的却少之又少。标准的 80 式图纸直到 20 世纪 90 年代中期仍是城市住宅的框框，甚至出现了大量的城市垃圾。当我们感叹许多城市保留了千年的城市发展过程的记录时，我们却在为我们建筑本身的生命周期发愁。中国现有的城市存量住宅中约 80% 都是 80 年代之后的产品，而目前大量被拆除的也恰恰是这些为解决房荒而"创造"的居所。我们不断地创造着 GDP 高增长的奇迹，但我们却没有为后人创造更多的财富、没有留下更多的精神和物质。

　　我们努力地在狭路与夹缝中寻找允许我们发挥才智的突破的机会，外部不行就转入内部，建筑不行就转为园林，造型不行就改颜色、发展环保与节能、改善结构与分区、细化装修与提高舒适度，尽其所能试图创新并吸引社会的注意，然而这些结晶着我们心血的付出，创造的仅仅是更多的花絮。

　　人们在说几乎更多的中国城市在毫无差别地向一个风格集中，宽广的马路、中心的大广场、高架桥、入云的高楼和耀眼的玻璃幕墙……将全世界可能出现的最先进的建筑材料和理念堆砌于中国的960万平方千米之中。好的建筑恰恰仅出现在那些审批管制最宽的城市，文化的冲突远远超过了建筑形态的冲突。

　　中国创造，说白了不是中国人不够聪明，不是中国人骨子里缺少这种富有想象力的精神，也不是中国人仅存了跟在别人后面走的惯性。根本的在于至今为止，中国的百科全书或辞海中都没有对人格的描述，都没有允许"出格"的法律和自由遐想并付诸实践的空间。

　　实现中国的创造、实现中国人的梦想、实现下一代的突破，首先要由现在的一代人努力创造一个可以创造和能实现创造的天地。

　　看过《福尔摩斯探案集》的读者，应该记得福尔摩斯是如何在面对他所遇到一件件稀奇古怪的案件时施展他的想象力的。他往往是根据他经过仔细观察后得到的线索来进行想象，有很多想象是常人所不能想到的，然而福尔摩斯却突破常规，大胆进行想象，最后根据想象进行追察，出人意料地破了案。福尔摩斯在总结他的破案经验时，曾对华生说过苏格兰的警察们有时老破不了案，其中很重要的就是因为他们缺少想象力。福尔摩斯的许多破案方法至今仍然是许多警察学校的必修内容。

　　譬如，如果我们看到7条菜青虫蜷曲身子从斜面滚下去，普通的联想顶多认为菜青虫找到了一个很好的逃避的方式；但放开一步联想，我们很快就能想到轮子，再放开一步，也许我们会联想到人类可以利用一个球形的充气囊从悬崖上往下跳；如果做无限制的联想，我们甚至可以去想菜青虫滚动的轨迹可能与某一个行星的公转轨迹相似，或者气候的变迁使得菜青虫采取了这种姿势的蜷曲与滚动。当然，想象力可以无边无垠，但最终都要回复到正在学习的内容或正待解决的问题上来。你需要记住的是，无论你的想象多么荒诞不可理喻，如果有助于解决问题或者使你产生绝妙的创意，那么你就坚持自己的做法。当爱因斯坦思考相对论时，他正在做着白日梦，幻想着自己正骑在一束光上，做着太空旅行，然后思考：如果这时在出发地有一座钟，从我坐的位置看，它的时间会怎样流逝呢？这样做并不复杂，我们何不也尝试着做一做呢？

人的创造范围完全是由人对自己的想象和认识所决定的。创造力是让人去"胡思乱想"，想那些常人不敢想的，做常人认为怪异而不敢做的事情。开始时也许是空想，但如果你能全力以赴、持之以恒地为之奋斗，也许理想会变成现实，这对个人的发展、事业的进取将产生很大的影响。

不要阻止孩子"胡思乱想"。

孩子在不认识"O"这个英文字母之前，可能会把它想象成苹果、太阳、月亮、鸡蛋、足球等，而一旦老师告诉他们这是个英文字母，也就等于剥夺了孩子对"O"的想象——"O"就是"O"，之外的其他任何想象都是"胡思乱想"。

湖北武汉新洲区某小学六年级一班70名学生对老师布置的一道以"春天"为题的作文，大多以"春天好"为主题，赞美春天和风细雨、花红柳绿。唯有一名叫王聪的学生作文与众不同，认为"春天并不好"：春天细菌繁殖旺盛，夏季蚊虫都在这时孳生；春天易流行感冒；春天雨水淅淅沥沥下个不停，很烦人，像个爱哭的小姑娘总是止不住；冷热不均，忽冷忽热……

这位具有逆向思维能力的学生，在作文点评课上，语文老师对全班同学说：有同学不停地在作文中写春天不好，是不听老师讲解，胡思乱想，跑了题的结果。"说春天不好是动错了脑筋"。

　　一般来说，想象力丰富的人都具有一定的创新能力。许多发明创造大多是"胡思乱想"出来的。可惜，像王聪这样敢于大胆想象，反其道而行之的聪明学生，在中国传统的教育制度和教育方式的禁锢下，实在是凤毛麟角。

　　一位法国教育心理专家给上海的学生出了一道题目：一艘船上有86头牛，34只羊，问：船长年纪多大？结果有90%的同学做出了答案：船长年纪是86－34＝52岁。10%的同学认为此题非常荒谬，无法解答。当然这10%的同学是答对了。

　　这位法国专家调查后得知，90%的学生之所以做出答案，是因为"老师出的题总是对的，不可能不能做"、"老师平时教育我们题目做了才能得分，不做的话一分也没有。"法国专家不得不承认"中国学生很听老师的话。"因为同一道题在法国小学做试验时，超过90%的同学提出了异议，甚至嘲笑老师的"糊涂"。

　　小鸟因为有翅膀才能飞翔。扼杀了孩子的自由想象力，无异于剪掉了孩子幻想的翅膀。人们都知道大象的力量是巨大的，但如果从小就把它用锁链拴在木桩上，长大以后它也不知道轻易即可挣脱。因为它已经不敢去想，已经习惯。

　　牛奶为什么非要放糖，放点椒盐不行吗？过生日为什么非要吃蛋糕，吃烧饼不行吗？……如果不"胡思乱想"，你怎么会发现苹果横着切开，里面有颗"五角星"呢？

　　人类失去了联想，世界将会是什么样子？

　　想象力能使常被认为不可能的东西变为现实。拿破仑说过："想象支配人类。"想象力，这是人的伟大之处。美国著名心理学专家丹尼尔·高曼说："要想在事业上有所成就，将以有无创造性思维的力量来论成败。"而作为决定创造范围的想象力就当然也显得很为重要了。在心理学界为了说明创造性想象的重要性，常常说这么一个故事：在美国，一对亲密无间的好友，一个是工程师，一个是逻辑学家。一次，他们相约来到埃及。在埃及时，逻辑学家住进宾馆后就写起他的日记来，而工程师独自来到埃及的街头。在街上，工程师遇到一个卖猫的老妇人。老妇人以 500 美元出卖一只黑色的玩具猫。老妇人说这只猫是她的祖传宝物，因孙子病重，缺少钱看病，才不得不出卖的。工程师掂量了这只猫的重量，发现这只猫很重，表面呈黑色，看起来似乎是用黑铁铸就而成的，没有什么太多的价值。不过，那一对猫眼则是珍珠的，很值钱。于是，工程师经过一番说服，以 300 美元买下了两只猫眼。工程师高高兴兴回到了宾馆，对他的朋友——逻辑学家讲述了刚才发生的高兴事，并炫耀了这对至少价值上千美元的珍珠。逻辑学家听完了他朋友的叙述后，立刻跑到老妇人卖猫的地方，毫不犹豫地以 200 美元买下了老妇人的那只没有眼睛的黑猫。回到宾馆后，工程师看见他把"一文不值"的铁猫买回来，一个劲地嘲笑。逻辑学家不理会他的嘲笑，不声不响地坐在椅子上琢磨这只黑猫，突然，他灵机一动，用小刀刮铁猫的腿，发现当黑漆脱落后，露出的是金色的爪子。原来，当年铸造这只金猫的主人，怕金身暴露，使用黑漆漆的猫身，使人看起来像铁猫。此时，逻辑学家反过来嘲笑他的朋友，"你虽然知识渊博，可就是缺乏一种思维的艺术，分析和判断事情不全面、深入。你应该好好想一想，猫的眼睛既然是珍珠做成，那猫的全身会是不值钱的黑铁所铸吗？"可见，展开丰富的想象在生活、事业中多么重要啊。因此，在创造时，我们不要忘了"胡思乱想"。

第三节　创造过程中的思维

科学发展已进入大科学时代。大科学的发展不断增加了思维对象的复杂性和多样性。现在将物质的结构归结为电子、质子、中子及少数几个基本拉子的组合，已不能说明纷繁复杂的大千世界。但尽管如此，我们仍相信"世界的本质是简单的"。否则就无法理解为什么一切生物有机体都可以找到"细胞"这个简单结构，一切微观粒子都可以建筑在"夸克"的简单假说上，用"色"、"味"来解释。因此，相信"世界的本质是简单的"这一具有哲学意义的论断，应作为我们创造性地解决复杂问题的认识论基础。人们在认识世界和改造世界的过程中，思维对象总是那样的俏皮，时而将简单隐藏在复杂的背后，时而又将异常复杂的事物躲到简单的身后。当我们面临的是一个简单的问题时，毫无疑问，运用简单性思维和方法就可以圆满地解决这一问题；但当我们面临的是一个复杂的思维对象、思维无法一下子把握其要害之所在时，如果也相应地运用复杂性思维，那么很可能会使问题更加复杂，甚至颠倒是非，歪曲反映宏观世界的真理。或陷入"不可知论"的泥潭。思维对象的简单性或复杂性，是相对于思维主体而言的。如果思维方式正确，那么再复杂的事物也会理出个简单的头绪。

创造思维是一种新颖而有价值的、非结论的，具有高度机动性和坚持性，且能清楚地勾画和解决问题的思维活动。表现为打破惯常解决问题的程式，重新组合既定的感觉体验，探索规律，得出新思维成果的思维过程。例如某学生一反史学界对方伯谦临阵脱逃、最终伏法的定论，认为"方案"纯属冤案，并通过旁征博引，自圆其说，得出"重新认识甲午战争中的方伯谦"这一观念。该过程实际就是由心智到实践，最终演绎出创造思维的过程。

有一次，张瑞敏首席执行官出访韩国一家大公司。该公司董事长一向热衷中国至理名言。在这位董事长介绍该公司经营宗旨和企业文化时，阐述了"真善美"，并引述老子思想，张瑞敏也发表了自己看法：《道德经》中有一句话与"真善美"语义一致，这就是"天下万物生于有，有生于无"。

张瑞敏以这句话诠释了海尔文化之重要性。他说，企业管理有两点始终是我铭记在心的：第一点是无形的东西往往比有形的东西更重要。当领导的到下面看重的是有形东西太多，而无形东西太少。一般总是问产量多少、利润多少，没有看到文化观念、氛围更重要。一个企业没有文化，就是没有精神。第二点是老子主张的为人做事要"以柔克刚"。张瑞敏说："在过去，人们把此话看成是消极的，实际上它主张的弱转强、小转大是个过程。要认识到：作为企业家，你永远是弱势；如果你真能认识到自己是弱势，你就会朝目标执著前进，也就会成功。"

有一次，一位记者问张瑞敏："一位企业家首先应懂哪些知识？"张瑞敏想了想说："首先要懂哲学吧！"

张瑞敏能联系企业真实状况，从老子思想中悟到"无"比"有"更重要、"无"生"有"的道理，也悟出柔才能克刚、谦逊才能进取的为人做事之理。骄横与张扬永远是企业衰败之源。

人的成熟，在于思想的成熟。企业家的成熟在于实践经验基础上形成的理念体系。一切成功的企业家都是经营哲学家。

是的，创造性思维就是哲学的范畴。海尔集团的成功就是创造性思维的成功体现。

第四节　开发创造力的心理策略

创造，多么熟悉而诱人的字眼。创造，曾博得多少人的崇拜和敬仰！创造，正以其巨大的动力驱动着人类历史车轮的前进。回顾一下历史就不难发现，人类从走出原始的洞穴到住进豪华的别墅，从脱下简陋的树叶到穿上华丽的衣服，从钻木取火、茹毛饮血到使用现代化的各种科学技术……哪一项成果不是创造的结晶！哪一个进步不是创造的精华！

人类从诞生的第一天起，就一直在不停顿地进行着各种各样的创造活动，而在科学技术飞速发展的今天，创造更显得尤为重要。作为大学生的我们则更要从自身做起，积极的培养创造型人格。

然而，何谓创造型人格呢？所谓人格，在心理学上亦称"个性"，指个人稳定的心理品质，包括两个方面，即人格倾向性和人格心理特征。前者包括人的需要、动机、兴趣和信念等，决定着人对现实的态度、趋向和选择；后者包括人的能力、气质和性格，决定着人在行为方式上的个人特征。

我们通常所说的创造型人格，包括自信、质疑、勇敢、勤奋、好奇心和兴趣等等。

被誉为现代化学之父的道尔顿曾经说过："如果我有什么贡献的话，那不是我的才能的结果，而完全是勤勉和毅力的结果。"国外还有人对一批富有创造性的建筑师进行了人格方面的调查，结果是：有高度责任心的占100%；勤奋和自信者达90%；兴趣广泛者为85%。可见人格因素在创造中的作用是多么重要。

那么，怎样培养创造型人格呢？

1. 自信

自信是成功的第一秘诀。俄国作家车尔尼雪夫斯基说过，假如一个人尽想着"我办不到"，那他果然就会办不到。可见人要成功就必须有自信。心理学家认为可以用以下的方式增强自信心。心理暗示——自信是一种心理状态，可以用成功暗示加以诱导。对一个人的潜意识反复灌输正面和肯定的言语，是强化自信心的有效方式。寻找力量——成功人物的传记和成功自励的书籍，可以帮助人们找到勇气和力量，从而增强自信。自我分析——当我们缺乏自信时，要多从自己方面分析原因，从而找到缺乏自信的根源；列举自己的成就，并从中总结出自己的优点，从而增强自信。

2. 质疑

质疑，是指能够对一个理论、一个事物、一个产品提出各种不同问题的品格。提出问题是创新的第一步。很多创造都是从质疑成生的。如何提出问题呢？一是要勤思，勤思则疑。二是不要满足于现状。三是要从主观上想提出问题，有时还要吹毛求疵。平时要保持自信心，要相信自己，遇到问题独立思考，并避免从众心理。

3. 勇敢

勇敢是重要的创造型人格。邓小平 1992 年到南方考察的时候曾经说过："深圳的重要经验就是敢闯。没有一点闯的精神，没有一点'冒'的精神，没有一股气呀，劲呀，就走不出一条好路，走不出一条新路，就干不出新事业。"培养勇敢的品质时，不害怕失败；要有坚强的意志和敢于向逆境抗争的决心，要有百折不挠，坚忍不拔的毅力。

4. 勤奋

虽然每一次努力都不一定成功，但每一次成功都离不开努力，因此只有勤奋才有可能取得成功。有人说，懒惰是人类的通病。所以克服懒惰并不是一件容易的事，要变得勤奋首先必须有目标，只有有的目标才有动力；其次要懂得坚持，一个不懂得坚持，遇到困难就半途而废的人，决不是一个勤奋的人。

5. 好奇心

好奇心通常是指由力图弥补已有知识与未知领域的差距而产生的一种心理现象，是所有发明家所共有的一种人格特征。通常小孩都有着很强的好奇心，这种好奇心随着年龄和所学知识的增长而逐渐减弱。要想长久地保持好奇心，就要永远不满于自己的已有知识，同时要克服思维定势，力求从看似平常的事物中发现不同之处，找到创新的源泉。

6. 兴趣

一个人的兴趣越广泛，他就越有创造的潜力。兴趣可促使一个人尽力去发现和思索问题，从而创造性地解决问题，兴趣还能使人在工作中保持愉快的心情。一般来说兴趣是人人都有的，而对于开发创造力来说，首先应当培养广泛的兴趣，而后要尽快在这些兴趣上确定某一种新兴趣，并有意识地在理性指导下上升到追求的高度。上升到理性的高度，这样，兴趣就对开发创造力具有了真正的促进作用。

现实生活中根本不会有猴头人身、猪头人身的怪物，然而明代杰出的小说家吴承恩却创造出了孙悟空和猪八戒的生动形象；幼儿汪侃磊在"星宝宝"中也创造出了脚踏白云的孙悟空，手举月牙作摇篮，摇着星宝宝的可爱形象。设计师们为了造福人类，头脑中不断形成着未出世的新产品的形象。上述这一切形象形成的过程，心理学上称之为想象。想象中的形象不是记忆表象的简单重现，而是新形象的创造。不过，它不是凭空产生的，而是在过去感知材料的基础上对记忆表象加工、改造及重新组合的结果。

人在实践活动中，会不断遇到新的问题，产生新的需要，而想象是解决这些问题和需要的非常必要的条件。总之，人的一切实践活动都是离不开想象的，想象在儿童生活中同样起着重要作用。无论是幼儿的游戏，还是绘画、表演以及早期学习，都需要有丰富的想象力。幼儿想象力的发展与他们整个心理水平的发展关系十分密切。幼儿想象力的发展，不仅是智力发展的体现，而且是他们进行创造性活动不可缺少的条件。我们要给幼儿提供自由表现的机会，鼓励幼儿用不同艺术形式大胆地表达自己的情感、理解和想象，尊重每个幼儿的想法和创造，肯定和接纳他们独特的审美感受和表现方式，分享他们创造的快乐。幼儿期是形象思维发展的重要阶段。美的形象尤其是艺术作品中美的形象，具有概括性、典型性，要促使幼儿形象思维活动，并引起幼儿的联想，产生丰富的想象活动。科学家爱因斯坦说：想象力比知识更重要。因为知识是有限的，而想象力是无限的。想象力概括着世界上的一切，并且是知识的源泉。严格地说，想象力是科学研究中的重要的甚至是必不可少的因素。

第五节　如何开发创造力

华罗庚说过，"人之可贵在于能够创造性地思维。"培养孩子的创造性是教育的重要目的。心理学家把儿童的创造力描述为：回忆过去的经验，并对这些经验进行选择，重新组合，以加工成新的模式、新的思路或新的产品的能力。那么，如何开发儿童的创造力呢？

一、让儿童自由操作

儿童喜欢触摸、摆放或拆卸各种东西，这是开发创造活动的基础。教师要让儿童按自己的兴趣、爱好和情感需要去探索材料，这样做使儿童不仅从外界吸取知识经验，而且还把自己头脑中的丰富想象表达出来。民航广州幼儿园曾对自选材料活动促进创造性发展做过实验，结果表明：实验班幼儿在材料运用上表现为使用充分、方式多样，并能别出心裁，活动主题内容广泛、情节丰富。而对照班幼儿的创造性则明显低下，多种重复行为、且主题情节单调。实验证明了幼儿的创造潜力在自选材料活动中得到了激发。

二、少提供模仿范例

模仿不是创造。要促进幼儿创造力发展，就要少给幼儿提供模仿范例。有时，幼儿不能一下子运用经验产生创造思维，他会恳求老师："帮帮我画好吗？""老师是这样的吗？"聪明的老师不能只按照幼儿的要求去做，而要灵活运用教育技巧，激发幼儿的思维向纵深发展，即猜测孩子在想什么，琢磨出他们的思维处于什么阶段，思维活动中还存在什么矛盾。唯有如此，教师才能根据幼儿的思维特点进行相应的指导，鼓励其自己操作。

幼儿对周围事物充满着好奇和疑惑，但同时又缺乏对人类已有文化知识和经验的掌握。幼儿在理解他所接触的世界时，有其独特的视角，而这正是创造力的表现。幼儿理解过程正是他创造的过程，他创造性地在自己已有的认知结构的基础上去同化或顺应未知的知识、经验、技能，甚至情感，而这些未知的方面正是教师意欲传递的，因而传递中并非没有创造。

当然，这不是说幼儿艺术教育完全不要教技能、技巧，必要的技能技巧学习是幼儿艺术教育不可缺少的一部分。只是艺术教育不能以技能技巧的传授为核心，也不能采取灌输式教学，而应大量运用观察、记忆、体验、联想、欣赏等方法进行启发式教学，教师尽量不做技法示范，而侧重教会幼儿运用各种艺术工具、材料的方法，强调表现形式的多样化、个性化。幼儿具有极大的潜力，只要解放他们，充分调动他们学习的主动性、积极性、创造性，幼儿的艺术水平就会迅速得到提高。

三、运用积极评价

在幼儿进行创造性的活动时，教师进行积极有效的评价对幼儿产生创造性思维会起到激励作用。积极的评价是对幼儿创造行为作出的最好反应。

在这里我们应该明确的是创造思维既包括求异思维，也包括求同思维。但是，在实践中人们往往片面地强调求异思维而忽视求同思维。在幼儿园教育中，"求异"——培养求异思维的手段被上升为目的，教师提出的任何问题，幼儿从事的任何一项活动，教师都要求幼儿做到"和别人不一样"。如果不一样，教师会鼓励、表扬幼儿，如果一样，教师一般反应平淡。幼儿为了"和别人不一样"，有时脱离活动对象、内容而随意的、不经思考的回答问题，回答的结果虽然和别人不同，但是他思考或倾听、欣赏别人的观点与否，不得而知。幼儿对别人观点的尊重和某种程度上的认同值得教育者珍视，我们要密切注意每一个人的独特性，但不能忽视创造也是一种集体活动。在教育活动中，培养创造思维既要重视求异思维，也要重视求同思维。

四、营造宽松氛围

孩子希望发现新的观念，经历新的事情，自由地表达自己的想法。在一个重视增进孩子个性、创造性潜力发展的环境中，孩子会自我感觉良好。

幼儿好奇心强，想象大胆，在他们充满童真与稚气的想法中，创造性若隐若现，成人要及时发现并精心培育。当孩子的一些想法稀奇古怪超越客观现实时，当他们描述与实际情况有出入时，当他们手舞足蹈、自编自唱、乱涂乱画而兴致勃勃时，我们切不可用"对不对"、"像不像"等成人固定的思维模式去限制他们，或盲目否定，而应敏感地捕捉创造性思维的"闪光点"，加以科学的引导，为孩子创设一个宽松、民主的气氛，让他们能够自由思索，大胆想象，主动选择并作出决定。

创造是一种活动，是人类活动中最高级的形式。创造力是人们进行创造活动的一种特殊能力，或个体创造性的最好表征。创造力也是反映个体在解决任务中有效的对原有知识经验进行加工、组合、创造新设想、新事物的能力。发展创造性思维，培养创造人才，是教育改革亟待解决的问题。引导学生崇尚科学思想，提高他们各方面的素质是教师的职责。创造力无处不在。如果能让一个小朋友从小就开始培养良好的创造力，对于今后的学习生活有着深远意义。

如何培养创造力？应该从学校、家庭和社会等多方面入手。

学校环境是创造力培养关键的地方之一。高智商不等于高创造力，但高创造力却是高智商的保证，可见，学生的创造力比智力受环境的影响更大。一名学生，在学习生涯中，最多的时间是花在学校的，学校所创设的环境有利于孩子创造力的培养。简而言之，教师自身的创造力和教学中的启发是创造力培养举足轻重的一步。作为一名创造型的教师，能善于吸收最新教育科学成果，将其积极运用于教学中，并且有独特见解，能够发现行之有效的新教学方法，更能带动课堂气氛，使上课改变只重视基本点，不懂得发散思维的现状，拓宽想象教育。"开放课堂"是理想的，引导学生在知识上、思想上标新立异，敢于发表不同意见，有利于培养学生创造力的教学模式。也曾听到过这样一个案例：教师在上课和小朋友们玩给小鸡捉虫的游戏时，发现有一位小朋友"不合作"地蹲在地上，而不是像其他小朋友们一样晃来晃去，这位老师刚想发火，但她又控制住了自己，上前询问原因，这位小朋友说："小鸡不舒服，生病了。"老师因势利导，对其他小朋友说："小朋友们，这只小鸡生病了，我们带它去看医生好吗？"于是就和小朋友们带这只小鸡看病，之后这只小鸡就又站起来了，和其他小朋友一起玩别的游戏。试想，如果当时教师发火了，小朋友肯定会不高兴的，同时也扼杀了她的想象力和创造力。所以教师应当多多地看到这些不同寻常的动作，发现其潜在的内涵，帮助小朋友。所以学校环境要尊重学生与众不同的疑问和观点；给学生留出一定的时间让他们从事一些具有创造性的活动，为学生提供自由选择的机会；注重学生综合素质的培养，如抽象逻辑思维和具体形象思维的培养，应该综合起来加以训练；鼓励首创性，允许学生在自由探索和实践中提出自己独到的见解或看法……

家庭因素也是培养创造力的关键之一。家庭气氛和管教方式是影响儿童创造力的主要因素，教育过分严格，过分要求孩子服从，孩子的创造力就差；家庭气氛民主，家长有意培养孩子的创造力，情况就好的多。家长应注意发现孩子的创造力萌芽，保护孩子最原始的创造意识和创新精神，才能使他们的创造性得以持续和发展。儿童若只能在模仿顺从中长大，那么就会失去创造的机会、条件和信心，而最终很可能成为平庸的、缺乏独立见解的人。当孩子把新买来的玩具拆开来，东看看西看看时，当孩子揪着一个问题打破砂锅问到底时，当孩子一边玩着娃娃家玩具一边自言自语时，这些都有可能是孩子创造火花的闪现。言传身教，以自己的言行、生活方式影响孩子；利用玩具培养孩子的创造力，通过绘画和创编来培养孩子的创造力，都是不错的办法。